FEIXIANG TAIKONG CONGSHU

飞向太空丛书

人类
从梦想到现实

本丛书编委会◎编
于 始 廖文根◎编著

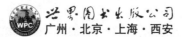

世界图书出版公司
广州·北京·上海·西安

图书在版编目（CIP）数据

人类的飞翔：从梦想到现实/《飞向太空丛书》编委
会编 . —广州：广东世界图书出版公司，2009.4 （2024.2 重印）
（飞向太空丛书）
ISBN 978 – 7 –5100 – 0578 –7

Ⅰ．人… Ⅱ．飞… Ⅲ．航空—青少年读物 Ⅳ．V2 – 49

中国版本图书馆 CIP 数据核字（2009）第 056127 号

书　　　名	人类的飞翔：从梦想到现实	
	REN LEI DE FEI XIANG CONG MENG XIANG DAO XIAN SHI	
编　　　者	《飞向太空丛书》编委会	
责任编辑	吴怡颖	
装帧设计	三棵树设计工作组	
出版发行	世界图书出版有限公司　世界图书出版广东有限公司	
地　　　址	广州市海珠区新港西路大江冲 25 号	
邮　　　编	510300	
电　　　话	020-84452179	
网　　　址	http://www.gdst.com.cn	
邮　　　箱	wpc_gdst@163.com	
经　　　销	新华书店	
印　　　刷	唐山富达印务有限公司	
开　　　本	787mm×1092mm　1/16	
印　　　张	13	
字　　　数	160 千字	
版　　　次	2009 年 4 月第 1 版　2024 年 2 月第 7 次印刷	
国际书号	ISBN　978-7-5100-0578-7	
定　　　价	49.80 元	

"光辉书房新知文库"

总策划/总主编:石 恢

副总主编:王利群 方 圆

本书作者

于 始 资深编辑

廖文根 人民日报社科技部高级记者

插上科学的翅膀,明天太空见

扬利伟

一直以来,人类就梦想着更加自由地飞翔,也渴望着更加近距离地去探索太空的秘密。随着我国"神舟"系列飞船的陆续升空,以及新一轮登月竞赛在各国间的迅速展开,全球的目光再一次被吸引到辽阔的天空以及更加浩瀚的星际空间。那些关于飞翔的梦想也更深入地植根于青少年朋友的心灵之中。

航空航天集中体现了一个国家的科学技术、工业、经济、国防等综合实力的水平,航空航天文化渗透于经济、文化、教育旅游、娱乐和体育等各个领域。而航空航天科普更是科普教育的一个重要组成部分,广大公众特别是青少年朋友对航空航天科技知识的了解,将直接影响到航空航天事业未来的发展。早在 1998 年召开的全国首届航空航天科普教育研讨会上,就有学者指出:"要发展我们的航空航天事业,也需要从娃娃抓起。"对广大青少年进行航空航天科普教育,是我国经济发展和现代国防建设的客观需要。

当站立在月球之上的美国宇航员阿姆斯特朗说:"我现在迈出的是一小步,但在人类历史上却是一大步!"时,我们都知道,即使那"一小步"中,也包含了无数的知识积累、无数的理论探索、无数的发明创造、无数的试验模拟,以及无数的失败。那之中凝结了多少代人的梦想与激动,也就凝结了多少代人的智慧与汗水。在我们的国家航天员训练中心,训练时航天员因为要承受非常大的加速度,面部都会变形,眼泪也会止不住地流下来,鼻子堵塞,十分痛苦。航天员若实在承受不了,只要按一下手边的报警器,工作人员就会把训练器械停下来,但多年来,从没有一个人按过那个报警器。这不过是航天员系统中航天员训练的一个小小细节。而整个载人航天工程是规模宏大的现代化系统工程,除了航天员系统外,还包括空间运用、载人飞船、运载火箭、发射场、测控通信、着陆场等6大系统,涉及航空、船舶、兵器、机械、电子等诸多领域,参与的人员更是数以万计。从1999年到2009年,每一年都是科学攻关年;从"神一"到"神七",每一次发射都是新的突破。正是这么多人这么多年的精诚合作,才保证载人航天工程的顺利进行。正如俄罗斯科学家齐奥尔科夫斯基所说,"地球是人类的摇篮,但是人类不会永远生活在摇篮里。"这句话不仅鼓舞了一代又一代的航天工作者,还将激励着今天和以后的年轻朋友们。采取多种形式开展航空航天科普活动,寓教育于娱乐之中,不仅仅给予青少年朋友航空航天科普知识教育,而且还能发挥理想教育、爱国主义教育、智力启发教育和手脑并用教育的作用。今天,年轻朋友们除了怀有比先辈更多的好奇与梦想之外,还应该插上科学的翅膀,拥有更为广阔的视野和更为扎实的知识储备。如果你们在探索精神和勇敢精神方面同样不输于先辈,那么我真诚地欢迎你们,欢迎你们加入英雄的航天人团队,让我们相约——明天太空见!

目　录

第一章　飞行的梦想

　　小鸟在阳光下的自由飞翔是否曾让你无限向往？星星在夜空里的神秘身份是否曾让你百思不解？航空展上的飞行表演是否让你赞不绝口？航天员在太空的问候是否又让你恍若梦中？

鸟类的飞行

　　其实这样的向往很早以前就已扎根在人们的心中，而来自星空的诱惑始终逗引着人们探索的热情。即使在今天，当飞行已然变成现实，人们对于人是怎么飞起来的这一过程却仍旧抱有浓厚的兴趣。

　　那么人是怎样想到要飞的呢？最原始的诱因无疑是在地面疲于奔跑的人，对在天空自由飞翔的鸟类产生了美慕。鸟儿有一对灵巧的翅膀，可以扑腾上天。幻想飞行的人们最直接的想法就是能有一双鸟类那样的羽翼。所以传说中的飞行也大都是借助了翅

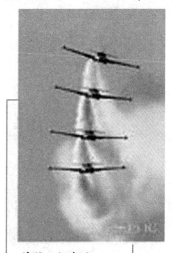

特技飞行表演

— 1 —

从梦想到现实

膀的。比如古代神话里会飞的翼民、《风神榜》里的雷震子以及西方神话里的天使，他们都有一副翅膀。

1. 翼民、雷震子和丘比特

手持弓箭的丘比特

翼民，是中国古代神话里会飞的族类。他们身长五尺，头长也是五尺，一张鸟嘴，两个红眼，一头白发，背生双翼，浑身碧绿。他们飞得不高，顶多也就离地二丈。

雷震子是商代西伯侯姬昌的第一百个养子，也是哪吒的好朋友。他天生雷公脸，吃了师傅赐予的红杏之后，胁下长出一对巨大肉翅，从此便可上下翻腾，飞翔自若，一去三千里。此外据说他白昼与常人无异，夜里则化为雷鸟。

丘比特被认为是爱情的象征。在古希腊神话中，他叫艾诺斯，是美爱之神阿芙罗狄忒与战神阿瑞斯的小儿子。在罗马神话中，他叫丘比特，维

电脑游戏里的雷震子

纳斯是他的母亲。通常的形象是一个赤裸着身子，蒙着眼睛，手执弓箭的小男孩。相传他身后长有一对肉翅，能使他成天飞来飞去，用金箭射穿世俗的心。他的箭一旦插入青年男女的心上，便会使他们深深相爱。

世间的凡人据认为也曾经是天使，因为犯错误而失去一只翅膀，成为孤翼天使。对他们来说，只有彼此相爱，才能合翼而飞。由此可以得出一个结论：天使们之所以能够在空中飞翔，是因为都有这么一双翅膀。

带翼的天使

2. 插翅欲飞梦难圆

伊卡洛斯坠落的爱琴海

翅膀对于飞翔固然重要，但如果不能长出翅膀，借助人工翅膀便是另一条出路。公元 1 世纪，西汉王莽征求贤士以抗匈奴，有人试以飞行空中探测匈奴军机。这个人用鸟的羽毛做成两个翅膀装在身上，并在头上和身上用羽毛连接起来，再装上环钮等器

从梦想到现实

件，从高台上跳下，能飞行数百步远。这大概是最早的滑翔试验。

在古希腊，流传有用蜜蜡、羽毛粘成翅膀的故事。传说克里特王弥诺斯的王后帕西维与一头白毛公牛产下了人身牛头的怪物弥诺陶诺斯，克里特王命令巧匠代达罗斯建造了一座迷宫将怪物囚禁其中。迷宫完工后，代达罗斯和他的儿子伊卡洛斯被监禁起来，代达罗斯于是使用蜜蜡和羽毛制成了两副翅膀，和儿子一起逃出了监牢。然而当他们飞越爱琴海时，年轻气盛的伊卡洛斯不听父亲的劝告执意飞近太阳，致使蜡融翅断，伊卡洛斯坠海而亡。

看来制作翅膀的材料有待改进，连接翅膀的方法也需要调整。不然的话，飞行是多么危险的一件事啊。于是和衣服连接在一起的羽毛翼衣出现了。

3. 霓裳羽衣曲

《霓裳羽衣曲》

《霓裳羽衣曲》是一首著名的中国舞曲，乐曲轻盈回旋，听来让人产生随音乐翩翩起舞、逍遥飞升的念头。不过现在令我们感兴趣的，则是曲中所提到的羽

衣。羽衣的得名或许和两个方面有关。一是制衣材料是羽毛，二是说明这种能使人飘举的衣服在重量上是很轻的。

从字面上看，"羽衣"最早可能是出现在屈原的句子里。根

傅抱石作品里的山鬼

据屈原的描述，山鬼是山的精灵，善良、美丽、纯情，还会飞翔。而他们的法宝就是羽毛衣。她们脱下羽毛衣时是人，穿上羽毛衣就可以像鸟一样在天空飞翔。

日本横滨八景岛海洋乐园，"天女"打扮的潜水员潜入水缸喂鱼

在日本民间传说中，羽衣是一件能够让仙子飞起来的长袍。天女因为被抢走羽衣而留在人间，后来带着深爱的丈夫和孩子回到天界生活，变为七夕的星辰。

类似的故事在中国却有不同的版本。当私自下凡的织女被她的兄弟二郎神杨戬带回天宫时，牛郎是披上老牛的牛皮后，才得以飞上天去追赶爱妻的。在这里，羽毛衣已被牛皮翼衣所代替。这很容易让人联想到老鼠吃了盐就会变成蝙蝠在夜间飞翔的传说，而蝙蝠的翅膀就是不带羽毛的。

从梦想到现实

电影《牛郎织女》海报

在欧洲，斯堪的纳维亚神话中的能工巧匠韦兰铁匠曾打造过一副金属翼衣，并穿上它飞行。古代英国国王布拉德也曾给自己造过翼衣，并试图飞越伦敦，不幸的是他坠毙了。

我们至今不知道这位英国国王的翼衣是用什么材质做成的。不过正如他没有成功飞越伦敦一样，传说中的牛郎也最终被一道银河挡在了对岸，只能于每年的七夕之夜，通过鹊桥与织女相会一次。

在敦煌佛教石窟壁画中，有一种常年飞在空中的天神形象。他们眉清目秀，体态俏丽，不长翅膀，不生羽毛，凭借飘曳的衣裙、飞舞的彩带在云彩之间凌空翱翔。他们通常被称为"飞天"。

蝙蝠和老鼠

4. 羽化升天的神仙

古代道教中把凡人修炼成仙的过程称之为"羽化"，把羽化升天的神话人物称之为"仙"，把能在空中飞行的天神称为飞仙。宋代古籍《太平御览》中如此描述这些神仙："飞行云中，神化轻举，以为天仙，亦云飞仙。"

无忧无虑、来去自如的神仙生活确实令人羡慕。而一般凡人若要羽化成仙，最完美

古代神仙之一观世音菩萨

敦煌壁画的飞天

最有效的方式莫过于服下一颗仙丹。美丽的广寒仙子嫦娥便是偷吃了丈夫后羿从西王母处求来的不老丹药才飞上月亮的。

《嫦娥奔月》的故事可以说家喻户晓。大英雄后羿，因射日救灾的壮举而为人钦佩，并赢得了昆仑山上王母娘娘的赞美。王母娘娘于是送他一颗仙丹。这颗仙丹据说吃上半颗能

从梦想到现实

连环画《嫦娥奔月》

连环画《镜花缘》

汉代淮南王刘安

够长生不老，吃上一颗便会升空飞天。有一天，后羿不在家，嫦娥闻着仙丹的清香，对"天上"充满了向往，于是服食了仙丹，之后便身不由己地飞向空中，到了月亮上，走进了寒宫。

在古典小说《镜花缘》中记录了另外一种能使人飞升的方子——"蹑空草"，据说吃了这种草的草籽，人就可以飞到空中不落，但并不能移动太远。

仙丹的法力不仅对人有效，就是对于鸡犬这类本不具有飞行能力的小动物来说，也具有不可思议的效果，并由此产生了一则成语——"鸡犬升天"。

据说汉高祖刘邦的孙子淮南王刘安十分信奉道教。为了长生不老，他找到八公仙翁，按照八公仙翁的话炼制仙丹。丹药炼成后，刘安吃下后觉得自己的身体轻飘飘的，低头一看，原来自己

早已站在云端了。而他庭院里的鸡狗，抢吃了剩下的丹药，也纷纷飞上天成了神仙。这便是成语"鸡犬升天"的来历。

5. **天马行空，周天巡游**

尽管插翅而飞的设想几度落空，令人飞升的仙丹也不那么容易获得，却并没有阻止人类飞翔的梦想。利用有翅膀的禽类动物来实现飞行，是一种更有价值的飞行方案。在中国神话中，萧史弄玉夫妇是乘着凤凰飞向天宫，南极仙翁乘着仙鹤来往于山海之间。在国外的传说中，波斯国王卡考斯把几只雄

剪纸《吹箫引凤》

鹰套在御座上，让雄鹰带着他飞行。北欧小男孩尼尔斯·豪格尔

尼尔斯骑鹅旅行

森更是骑在一只大白鹅背上，完成了环游瑞典的旅行。波兰黑衣魔术师瓦尔多夫斯基伯爵骑在雄鸡背上飞上月亮。在德国作家朱安·波德旺所写《德米尼奇·阿托莱斯的月球旅行》的故事里，则是一只

从梦想到现实

天道前成北道新平
一中校受高世文明

帝尧

中国上古的贤明君主尧帝

鹄带着主人公冈扎莱斯飞到了月球世界。这种描述同样在想象着人类借助鸟的飞行能力飞上天空。

此外，早期的人们还从骑马、乘车、坐船中获得某种启发，在想象中让马长出翅膀、让车穿行于空中。据《博物志》记载，中国上古的贤明君主尧，曾经乘坐腾空而起的巨槎（木筏），漂游四海，邀游天空十二年。而在《山海经》校注本中有人认为，商朝边境民族奇肱人"能为飞车，从风远行"。

在西方的神话中，斯拉夫的宇宙神能够骑着带翼的骏马驰骋于天空，希腊的太阳神每天都驾着飞马拉动的太阳车巡天而过。中国传说中也有驾车巡天的天神，不过他的车子不是飞马拉着的，而是以八部天龙作为前驱。龙自然是会飞的，腾云驾雾，来去无踪。而且人

雕塑 太阳神阿波罗

们一定还记得《西游记》中唐僧的坐骑白龙马吧，他原本是龙王的太子，在取经路上变身为马，取经成功后又列身为天龙八部神

众之一。龙、马如此密不可分，估计也与他们行动起来都是风驰
电掣的风格有关吧。

金龙戏珠

连环画《西游记》中的白龙马

　　那么如果人跑得快一点的话，
会不会就能飞起来呢？在古希腊
有关于飞鞋的传说中透露了一点
线索。那个天上地下飞来飞去的
赫尔墨斯神，便总被描绘成头戴
翼帽、脚穿飞鞋的样子。只是我
们不知道在他的飞行中，到底是
翼帽起的作用多一点呢、还是飞
鞋起的作用多一点呢？故事中并
没有提供任何答案，倒是骑着扫
帚的中世纪的女巫飞了过来。

雕塑　赫尔墨斯神

从梦想到现实

6. 骑着扫帚的女巫

骑着扫帚的女巫

提到中世纪的女巫，人们总是会想到他们手指细长，鼻子尖直，发如枯草，头戴尖顶小帽，骑在扫帚上从一家屋顶飞到另一家屋顶的经典形象。在另外的说法中，作为扫帚的代替品，手杖有时也会被用来当作飞行的工具，但这种时候并不多见。而关于女巫的童话却是层出不穷的，不管好女巫还是坏女巫，他们都会有一把神奇的扫帚。

对一个有着魔法扫帚的女巫来说，扫帚就是她会飞翔的家。这个家里原来的成员是女巫和她的一只猫，后来的小狗、小鸟、湿嗒嗒的青蛙都是因为帮助了女巫，女巫才给它们在扫帚上安排

电影《哈利波特》海报

了座位，让它们有飞翔的机会。尤其是对小狗和青蛙，飞翔只是它们的梦，可是懂得感激的女巫，却让它们的飞翔成为了真实。

这真是件奇妙的事情，女巫的飞天扫帚上坐满了那么多成员！谁又会让人类的飞翔之梦得以实现呢？在《哈利·波特》中提供的魔法物品清单中，有一件神奇的飞毯。

7. 神奇的飞毯

飞毯是西亚魔法师的重要装备。它通常是一个厚厚的毯子，一般是中东地区制造的。古代阿拉伯神话里不止一次提到这块编织精美、可飞可落的毛毯。神话中的主人公往往利用它解救出邪灵控制下的迷失公主。相对于飞天扫帚，飞毯的优势是明显的，它可以乘坐多人，而且舒适程度显然比骑扫帚高。

精美的阿拉伯地毯

飞毯的最近一次出现，是在第 15 届多哈亚运会闭幕式上。2006 年 12 月 16 日，第 15 届亚运会闭幕式在卡塔尔首都多哈的体育场拉开序幕，文艺表演以神话《一千零一夜》为线索展开，主体育场被装扮成了一片象征整个阿拉伯世界的沙漠，阿拉伯少

从梦想到现实

年出现在体育场中央。随后传说中的阿拉伯飞毯空中落下，少年带着惊讶的神情爬上了飞毯。飞毯飞过沙丘，赶上了前面的阿拉伯商队，逐一点燃商队成员手中的火炬。

第15届亚运会闭幕式上的"飞毯"

如果说第15届亚运会闭幕式上的"飞毯"和第29届奥运会开幕式上的飞人一样，因为使用众所周知的威亚装置而并不使人觉得稀奇，那么人们还可以这样想象一下：关于飞毯的最初设想至少应该跟沙漠里的强劲的风有着密切的关系，风不仅吹动了沙子沙丘，还把宿营的毯子或者骆驼背上的其他货物也吹上了天空。

而如果仔细观察一下营地里的篝火堆，我们会发现火焰中也蕴藏着某种能量，能够把没有燃尽的纸片或其他物料冲到半空中。这点灵光一闪并没有很快转换为实际应用，不过却在最短的时间内激发了文学家的想象。于

沙漠里的驼队

是小小英雄哪吒横空出世，并带来了比飞毯更易控制的风火轮。

熊熊燃烧的篝火

8. 哪吒、孙悟空和列御寇

哪吒的出镜率是很高的，无论是在《封神榜》里还是在《西游记》里，我们都能够看到他脚踩风火轮、手持三刃刀的飒爽英姿。风火轮是既是他的兵器，也是他的交通工具，传说是由青鸾火凤所化，因双轮间暗藏风火之势、行动中有风雷之声而得名。利用它可以上天入地，无

电影《哪吒闹海》剧照

从
梦
想
到
现
实

所不能。使用时踩于脚下，念动咒语，双轮便高速旋转，使哪吒腾空飞行，瞬息可行十万八千里。

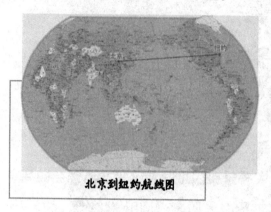

北京到纽约航线图

如果你对这一数字还没什么明晰概念的话，我们可以做个简单换算。十万八千里差不多是北京到纽约飞行距离的五倍。而北京到纽约的飞行距离是 11000 多千米，目前情况下坐飞机单程需要 13 个小时。换句话说，如果使用风火轮（如果真有的话），几秒钟内便可往返两地二三趟。

而孙悟空的筋斗云一点儿不比哪吒的风火轮逊色，翻一个筋斗同样是十万八千里。根据小说《西游记》的描述，孙悟空是在一位樵夫的指引下来到灵台方寸山，拜师菩提老祖学艺的。菩提老祖认为

孙悟空和他的筋斗云

他有灵性，就教授给他七十二般变化和筋斗云的功夫，使孙悟空能够迅速往返于天宫、地狱、海洋、高山之间，丝毫无碍。可见一个人想要飞翔，首先要有灵性，其次要不断学习。孙悟空之

外，战国的列子也可以作为我们学习的榜样。

列子，名御寇，战国时期郑国人，是道家思想的代表人物之一。根据古书中的记载，列子曾向关尹子问道，拜壶丘子为师，后来又先后师事于老商氏及其朋友伯高子，得到二人的真传并修道九年之后，列子就能"御风而行"，"乘风而归"了。不过时隔多年之后，人们并没有深入追究当初列子到底是如何飞行的，而更多地把列子的"御风而行"看作是思想意识领域的自由遨游。

中国画里的列子

第一章　飞行的梦想

两千年时光匆匆流转，"御风而行"、"乘风而归"，在今天看来也是一种潇洒的举动。风吹动发丝袅袅，风吹动环佩叮叮，风吹动衣袂飘飘，想一想都让人血液沸腾。这一切，不过源自人们心中那个与生俱来的久远的飞行梦想。

人类的飞翔

Ren Lei De Fei Xiang

从
梦
想
到
现
实

第二章　早期的尝试

人类的飞行，是在梦想家的灵光一现和后继者的不断尝试中逐步实现的。

1. 最早的飞行器——风筝

英国学者李约瑟曾把风筝列为中华民族的重大科学发明之一。美国华盛顿国家航空和空间博物馆中有一块标牌上也醒目地写着："人类最早的飞行器是中国的风筝和火箭。"

北京奥运会吉祥物福娃妮妮，构思来源于风筝

小小的风筝之所以被给予如此高的评价，是因为在中国风筝发明之前，人类的很多飞行尝试，无不是直观地去从飞鸟身上获得灵感和启迪。人们认为，只要具有鸟一样的翅膀，自然会像鸟一样自由地飞翔。

— 18 —

然而无论他们在制作翅膀上花费多少功夫，也不论他们怎样逼真地模仿鸟类的扑翼动作，始终都没有达到成功的目的。毕竟鸟类的飞行原本就是一项极其复杂的事情，即便是今天科学技术高度发展

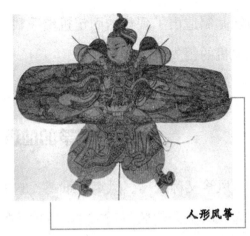

人形风筝

的情况下，人类仍然无法造出像鸟类那样自由翱翔的飞行器来。

而风筝的发明的确给后世飞机的发明提供了新的思路，可以说是风筝为人类飞翔插上了真正的翅膀。风筝不同于其他模仿鸟类扑翼动作的飞行器。它与鸟类飞行的根本区别就在于：在鸟类飞行中，它的翅膀要同时解决上升力和推力的问题，鸟类的翅膀要扑动才能飞行。而风筝的发明者把物体飞行所需要的上升力和前进的拉力分解开了，风筝的翅膀只产生上升力，连接风筝的绳线则产生拉力，这样一来风筝的翅膀就可以不扑动地飞行了。后来，人们用发动机代替放风筝的绳线，从而

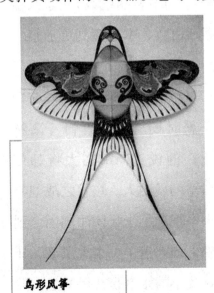

鸟形风筝

从梦想到现实

发明并制造出了现代的固定机翼飞机。可以说，中国的风筝是现代飞机的祖先。

2. 风筝的前世今生

风筝又称纸鸢、风鸢、纸鹞，它的起源可能与一种"会飞的木鸟"有关。依照材质或形制的不同，这种木鸟或被称为木鸢、竹鹊，或被称为鹞子、木鹊。根据古籍记载，在两千多年前的春秋时代，墨子"斫木为鹞，三年而成，飞一日而败"。与其同时期的公输班或许取得了某种成功，据说他曾"削竹以为鹊，成而飞之，三日不下"，并且还"制木鸢以窥宋城"。类似的制造木鸟的活动，可能一直在能工巧匠中延续，据说汉代大科学家张衡也曾参与其中。其间，制作材料也逐渐由竹、木过渡到更加轻巧的竹绸组合或纸竹组合。

龙形风筝

风筝的真正出现应该是在楚汉争霸时期。根据唐朝《事物纪原》的说法，汉初大将韩信是风筝的发明人。垓下之战刘邦的大军把项羽士兵团团围困，到了晚上刘邦造了一个大风筝，让身材矮小的张良坐在风筝上，然

后将风筝放飞到楚军大营的上空。坐在风筝上的张良吹奏起楚国的歌曲，以此瓦解敌方军心。根据此说，张良应该是世界上首次利用风筝升空的人。

元代林坤《诚斋杂记》中记录了另一则关于韩信使用风筝的说法。韩信准备联合陈豨谋反刘邦，"乃作纸鸢放之，以量未央宫远近，欲穿地下入宫中"。这可能是风筝用于军事测量的最早实例。

南北朝时风筝开始用于军事联络。公元 549 年，南梁武帝时，侯景发动叛乱，包围了皇宫，太子萧纲和大臣羊侃"做纸鸢，飞空告急于外"，不料纸鸢被侯军误为妖术而射落，求援因此失败。公元 559 年，北齐文宣帝时，大杀元姓宗族，彭城王元勰的孙子元韶被囚地牢。元韶堂弟为元韶制作风筝，他们二

电影《神风威龙》里的大风筝能够带人上天

人从金凤楼乘风筝双双飞逃。公元 782 年，唐朝临洛守将张伾被田悦围攻时，曾放出风筝升高"百余丈"，向外界求救，终于联络到援军前来救援。公元 1100 ~ 1300 年间，宋与金交战中，宋军曾使用由油纸和透明织物制作、靠风吹胀并点有蜡烛发光的龙状风筝，用于吓退敌军和发出军事信号。

从梦想到现实

唐代中期，风筝的功能开始由军事转向娱乐。五代时期汉隐帝的大臣李邺，是众多风筝爱好者中的一位。他将风筝材料从昂贵的丝绸转向大众化的纸质材料，从而使风筝在民间得以广泛流传。据说"风筝"的得名，也与他有关。李邺闲暇之余，常以线放纸鸢为戏，并且别出心裁地在纸鸢头部安装竹笛，"使风入竹，声如筝鸣，故名风筝"。后来，纸鸢即使不再安装竹笛，"风筝"的叫法却固定了下来。

中国风筝是在公元5世纪左右开始向世界流传的，先是传到朝鲜、日本、马来西亚等东南亚国家，后来又传到欧洲和美洲等地。公元1825年，英国中学教员乔治·波柯克，为满足小女儿玛莎翱翔蓝天的愿望，制作了一只大风筝，并把玛莎绑在上面放飞，风筝上升到90多米的高度，不久安全落地。如果这件事属实的话，小女孩玛莎将是欧洲第一个利用风筝升空的人。

3. 竹蜻蜓与栲栳车

竹蜻蜓是中国人关于飞翔的又一项重要发明。它被普遍视为现代旋翼机的雏形和直升机的最原始形态。其历史似乎比风筝还要久远，似乎可以上溯到公元前1500年前商朝西部边境民族奇肱人的飞车。晋朝学者葛洪在他的著作《抱朴子》中，曾记述了这种飞车的原理，"或用枣心木为飞车，以牛革结环剑，以引其

机；或存念作五蛇六龙三牛，交罡而乘之，上升四十里"。这大概是文字方面关于竹蜻蜓的最早记载。

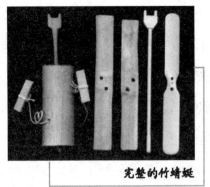
完整的竹蜻蜓

根据历史记述和原理分析，完整的竹蜻蜓应包括桨翼、转轴和套在转轴外的竹筒三个主要部分。但民间流传更广的是一种简化版的竹蜻蜓。它通常由桨翼（也叫翅膀、叶子）和转轴两部分组成。桨翼是用竹子或木头削成的细长而形状扭曲的薄片，转轴被安装在叶子的中间下方。玩时，用双手快速一搓转轴，手一松，竹蜻蜓就在旋翼的带动下飞上天空，旋转好一会儿后，才会落下来。如果是操控水平高的话，竹蜻蜓还会回到原地。

简单的竹蜻蜓

在漫漫的历史长河中，竹蜻蜓并不只是孩子们手中的玩物。明清之际的苏州工匠徐正明，就对竹蜻蜓很入迷。他整天琢磨，想要制造出一个类似的飞行器，把人也带上天空。

塑料制成的竹蜻蜓

经过十多年钻研，他终于造出了一种木制飞行器，取名"栲栳车"。"栲栳车"有一个竹蜻蜓一样的螺旋桨，驾驶座像一把圈椅，依靠脚踏板通过转动机构来带动螺旋桨转动。试飞时候，这种木车居然飞离地面一尺多高，他开着它穿越水田沟坎，如履平地，很是博得孩子们的欢心。

4. "中国螺旋"的启示

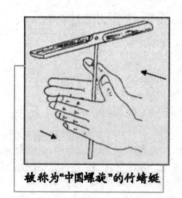

被称为"中国螺旋"的竹蜻蜓

竹蜻蜓这种简单而神奇的玩具，曾令西方传教士惊叹不已，他们称之为"中国螺旋"或者"飞螺旋"。它传入欧洲不会晚于 1463 年，因为当年的一幅圣母圣子像中就曾出现过竹蜻蜓的形象。

"中国螺旋"在欧洲大陆一样很受欢迎，并对现代航空科学的发展产生过重要影响。18 世纪时，法国曾专门举办过竹蜻蜓的飞行表演。被誉为"航空之父"的英国人乔治·凯利，一辈子都对竹蜻蜓着迷。他于 1796 年仿制和改造了"竹蜻蜓"，他自制的竹蜻蜓能飞 30 米高，他还一度绘出了有 4 个旋翼的直升机草图。这些研究推动了飞行器研制的进程，并为西方设计师带来了研制直升机的灵感。美国飞机发明人莱特兄弟小的时候，父亲给他们

买了一个能飞的竹蜻蜓，兄弟俩十分喜欢，并开始仿制不同尺寸的竹蜻蜓，从此，兄弟俩的一生与飞行结下了不解之缘。到了20世纪30年代，德国人根据"中国螺旋"的形状

中文版《简明不列颠百科全书》

和原理发明了直升机的螺旋桨。

《简明不列颠百科全书》第9卷写道："直升机是人类最早的飞行设想之一，多年来人们一直相信最早提出这一想法的是达·芬奇，但现在都知道，中国人比中世纪的欧洲人更早做出了直升机玩具。"

5. 飘荡的秋千

飘荡的秋千架上，同样承载着人类自由飞翔的梦想。

秋千的起源，可追溯到几十万年前的上古时代。那时，人们为了谋生，不得不上树采摘野果或猎取野兽。在攀缘和奔跑中，他们往往抓住粗壮的蔓生植物，依靠藤条的摇荡摆动，上树或跨越沟涧，这是秋千最原始的雏形。

后来用绳索悬挂于木架、下拴踏板的秋千，则始于春秋时期

从梦想到现实

身姿灵巧的金丝猴

古代秋千图

北方的山戎部落。《古今艺术图》上说"此（荡秋千）北方山戎之戏，以习轻（敏捷）者"。据说秋千原是山戎进行军事训练的工具。春秋五霸之首的齐桓公带兵打败山戎后，将其国土划归燕国，秋千也随之向南流传。

早年间，荡秋千主要为宫中、闺中女子的游戏。汉武帝时宫中盛行荡秋千，唐人高无际《汉武帝后庭秋千赋》云："秋千者，千秋也。汉武祈千秋之寿，故后宫多秋千之乐。"荡秋千在当时主要是为了强身健体。到了唐代，唐明皇把荡秋千称为"半仙戏"，王仁裕《开元天宝遗事》中说："天宝宫中，至寒食节，竞竖秋千，令宫嫔辈戏笑以为宴乐。"唐宋以后，随着城市经济的发达，市民阶层的大量

涌现，荡秋千演变成节日的狂欢节目，并为国内外各民族所喜爱。

朝鲜族人就很喜爱荡秋千。他们的秋千架高 12 至 13 米，在两个架杆的顶端架起一根横木，横木上系上两根约 8 至 9 米的秋千绳索，在下垂的绳索底

朝鲜族热衷荡秋千

部栓着 30 厘米左右的踏脚板，荡秋千时，还要系上安全带子。朝鲜妇女身着彩色长裙，踏上秋千板，凭着腰部、臂部的力量向前后摆荡，越荡越高，如紫燕凌空，自由自在；如仙女腾云，优美飘逸。

此外，湘西苗族流行风车秋千，青海土族流行轮子秋。新疆柯尔克孜族把荡秋千称为"阿拉提巴坎谢里钦吉克"；维吾尔族玩的秋千比较奇特，叫"沙哈尔地"，意为"空中转轮"；台湾高山族人称荡秋千为"渺绵"，是"飞天"的意思。而在云南哈尼人中间，流传着一则利用磨秋飞上太阳和月亮的传说。说是远古时，太阳、月亮出没不

哈尼人的磨秋

从梦想到现实

定，危害庄稼，阿朗和阿昌兄妹俩决定要救助乡邻。他们砍来栗树支起磨秋，磨秋飞转，载他们飞上太阳和月亮。他们费尽心机说服它们有规律地昼夜出没。理想实现了，兄妹俩却分别被烤死、冻死在太阳和月亮上。

6. 奇异的灯笼

诸葛亮

相信传统元宵节的灯彩，给我们每个人都曾带来过美好的的回忆。但这里让你更加感兴趣的，可能是在很久以前中国人就已经把灯笼玩上了天。

这种灯笼被称作"天灯"，又叫飞灯、孔明灯，相传是三国时诸葛亮（字孔明）发明的。当时，诸葛亮被司马懿围困于阳平，无法派兵出城求救，便算准风向，制成会飘浮的灯笼，系上求救的讯息发出，其后果然脱险。后世便把这种灯笼称为孔明灯。另有人认为，孔明灯得名于灯笼外形像诸葛亮的帽子。

其实早在西汉初年，淮南地区就曾有人做过尝试。他将鸡蛋

钻一个小眼，掏空蛋黄蛋清，把空壳放在火苗上空，风借火势将蛋壳推向空中。这应该是关于天灯和热气球的最原始的试验了。不过后来，可能是因为诸葛亮的灯笼更成型一些和他本人的名气也更大一些吧，所以天灯还是以他的名字命名了。

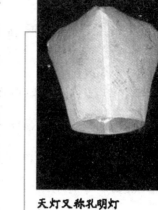

天灯又称孔明灯

孔明灯的结构可分为灯罩与支架两部分，灯罩大都用竹片编成，呈圆桶形或长方形，开口朝下，外面糊以薄白纸或棉纸。底部的支架以竹篾搭成，支架中间绑上一块沾有煤油或花生油的粗布或金纸。放飞前将油点燃，燃料燃烧使周围空气温度升高，密度减小上升，从而排出孔明灯中原有空气，使自身重力变小，空气对它的浮力把它托了起来，放手后整个灯会冉冉升空。天气不错的情况下，孔明灯会在底部的煤油烧完后自动下降。

七夕放飞孔明灯

五代时期出现一种用松脂作燃料的孔明灯——"松脂灯"，也叫"灯球"。传说这种灯笼是由莘七娘发明的。当时莘七娘随丈夫一起入闽作战，在生活实践中发现空气加热后产生升力的原理，于是用纸糊成减少阻力的球形物体，在物体内放置便于获取又便于安放的固体松脂。当松脂点燃后使球内空气逐渐升温，最终使球体飞升起来。

到了元朝时，军队在作战中使用不同颜色的松脂灯作为互相联络的信号工具，已经很普遍了。当时的元朝宫廷，每逢节庆日也都会放出热烟气球升空助兴，这说明中国民间的热气球制作和运用已经相当成熟。而在欧洲，直到18世纪后期，气球才得以发明。

7. 从"以箭送火"到"以火送箭"

第25届夏季奥运会,巴塞罗那选手射箭点燃圣火台

火箭最早出现在古代的中国。但在记载中，火箭的含义比较广泛，所指也大相径庭。总的来说，可以分为"以箭送火"、"以火送箭"两种。前者就像在影视剧中经常看到的那样，箭头点燃，靠弓弩发射，早在三国时期诸葛亮就已经在使用了。而后者，也就是以火药燃烧喷射的反作用力作

为推力，推动箭头前进的火箭，是在火药出现后才发明的。

唐末到宋初，火药武器开始使用，但由于其配方和制作方法尚处于初级阶段，

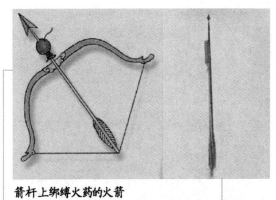

箭杆上绑缚火药的火箭

还不足以作为推进的燃料。到了两宋时期，火药武器发展很快。据《宋史·兵志》记载：公元 970 年兵部令史冯继升进火箭法，这种方法是在箭杆上绑缚火药筒，点燃后利用火药燃烧向后喷出气体的反作用力把箭簇射出。这就是世界上最早的喷射火器。

公元 1000 年，神卫兵器军队长唐福献亲制火箭、火毬、火蒺藜等以火药推进的作战武器。公元 1042 年，曾公亮所著《武经总要》中记载有火箭的制作方法："放火药箭，则加桦皮羽，以火药五两贯镞后，燔而发之。"1161 年 11 月，金国侵略中原，南宋军队第一次使用了火箭武器——"霹雳炮"，重挫金军。

12 世纪初，人们在制造手持式火器和焰火烟花时，感到火药燃烧会产生

火药玩具"二踢脚"离地而起

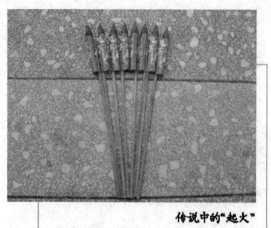

传说中的"起火"

很强的后坐力，于是有心人在这种启示下发明了新的火药玩具。其中最典型的是流传至今，俗称"高升"、"双响"或"二踢脚"的爆竹。它利用火药第一次爆炸的反推力升到空中，然后再引爆另一部分发出声响。此外，还有一种烟火，叫"起火"、"流星"或"穿天猴"，其结构是在火药筒上捆一根细竹竿。如在"起火"前端加一个箭头，尾端装上箭羽，便成了地道的利用喷气推进的火箭。

8. 神火飞鸦与火龙出水

13世纪以后的中国元、明时代，火箭武器已有很大发展。在元朝军队先后三次大举西征的过程中，阿拉伯人从中掌握了火药和火箭技术，并进一步把它传入了西方。

明代火箭技术已经有了相当大的突破。当时火箭武器种类繁多，除了单级火箭，还发展了各种集束火箭、火箭弹和原始的多级火箭。火箭武器已成为当时水、步、骑兵中必备的武器，甚至

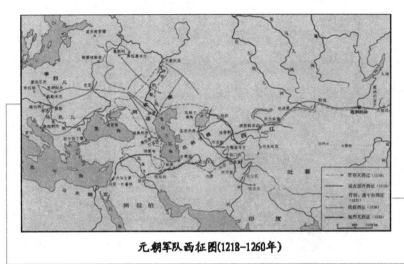

元朝军队西征图(1218-1260年)

还有专门的火箭部队，有关火箭武器的使用、布阵、作战技术和管理也都有条例规定。在国家经营的火药、火箭作坊里，对于各种火箭的制造、应用、配备和发射剂原料配比及加工制造等，也都有了详尽的叙述。

根据《武备志》的记载，明代的火箭武器主要有可同时发射10支箭的"火弩流星箭"、发射32支箭的"一窝蜂"、最多可发射100支箭的"百虎齐奔箭"，以及更为著名的"神火飞鸦"、"火龙出水"、"飞空砂筒"、"震天雷"等。其中，"火弩流星箭"、"一窝蜂"是世界上最早

抗倭名将戚继光

从梦想到现实

的多发齐射火箭，堪称现代多管火箭炮的鼻祖。据说燕王朱棣与建文帝于白沟河交战时，便使用过"一窝蜂"。而戚继光的部队中也曾大量装备火箭，其箭长5尺以上，绑附火药筒，能远射300步，日本兵寇见之丧胆。

最早的并联火箭——"神火飞鸦"

"神火飞鸦"外型如乌鸦，用细竹或芦苇编成，内部填充火药，鸦身装有四支"起火"，"起火"的药筒底部和鸦身内的火药用药线相连。作战时，用"起火"的推力将飞鸦射至几百米外，飞鸦落地时内部装的火药被点燃爆炸。它是世界上最早的多火药筒并联火箭，与现代大型捆绑式运载火箭的工作原理已经十分相近。

"火龙出水"主要用于水战。据明代《武备志》记载，这种火器可以在距离水面三四尺高处飞行，远达两三里。它同样利用4支"起火"推进飞行，当"起火"就要燃烧完

最早的二级火箭——"火龙出水"

时，龙腹中的火箭被引燃飞出，射向目标。在原理上已与现代两级火箭极为类似。可以看出，火药在这些火箭中已有明确分工：

喷气飞行的推进剂和摧毁敌人的战斗部。

火箭的发明，使人类的飞行之梦产生了重大的飞跃。以今天的视角来审视火箭的发明，其意义也是极为重大的，尤其是当我们要追寻喷气式发动机或载人航天的轨迹时，就不能不从火箭说起。毕竟，火箭是喷气式飞行的前驱和载人航天的必备条件。

8. 悲壮的"万户飞天"

当火箭武器在明代大显神威的时候，人们也开始了利用火箭飞行的探索活动。而其中最早、最成功的试验者当属木匠万户。

万户，又称万虎，明代初期人，出身工匠世家，祖父和父亲都曾是政府火箭作坊里的高级技师。继承了父辈衣钵的万户，也同样精于工艺技术，在明朝军队中从事作战用具特别是火箭武器的改良工作。

明代工匠万户又称万虎

据说他曾反复研究了鲁班和张衡的滑翔试验的记载，收集了所有关于风筝和火箭的文献资料，试图设计制造出一种能够实现高空飞翔的工具。根据文字记录推测，这很可能是一架间歇喷射推进

从梦想到现实

的动力滑翔机。而这台飞行器的发明和之后的飞行试验，据说都和一段友情有着莫大的关系。

万户最先是因为工艺技能高超而受到班背将军的赏识，并在后者的推荐下获得军职提升。后来，和万户相交甚好的班背将军受到陷害，被幽禁在拒马河上游的深山鬼谷中。万户决定利用将军留下的《火箭书》，造一只"飞鸟"去营救好友。但不久之后将军即被政敌杀害。失去知己的万户因此厌恶了官场和人世间的生活，于是谋划着逃离是非官场和人间，决定到月球上去生活。

在一个月明如盘的夜晚，万户带着仆人来到一座高山上，准备实施他的"登月计划"。他先在一个木制构架的背后，装上47枚当时能买到的最大火箭。并把自己捆绑在本构架前边的椅子上，两只手各拿一个大风筝。按照这种方案，他会先借助火箭向上的推力实现升空，然后再利用大风筝的浮力带自己飞向月亮。

雕塑 "万户飞天"

安排好一切之后，他让仆人同时点燃47枚大火箭。在火箭发出的轰响中，万户和他的飞行器拔地升起，冲入半空。然而，升空后的飞行器并没有按着万户预先的设想

—— 36 ——

在空中飞行，而是径直栽落下来，沉重的摔在山脚下，造成了箭毁人亡的悲剧。

这个故事后来被记载为"万户飞天"。美国火箭学家赫伯特·S·基姆在其1945年出版的《火箭和喷气发动机》一书认为，万户实施了人类有史以来的第一次"登月计划"。尽管这一计划个人色彩浓厚，使用的工具还是原始的固体火箭，试验结果也以失败告终，但是万户以自己的生命为人类探索航空航天事业留下了一座非人工所能建造的里程碑。20世纪70年代举行的一次国际天文联合会上，人们将1959年在月球背面发现的一座环形山命名为"万户山"，以纪念这位"人类第一个试图利用火箭飞行的人"。

10. 欧洲发明"扑翼机"

在中国火箭研发活动如火如荼进行的同时，一种叫"扑翼机"的机器出现在欧洲。扑翼机处于古代飞人向滑翔机和飞机过渡的阶段，是航空史上另一大进步。

13世纪的天主教修道士罗杰·培根，是英国一名博学者，被称为是"神奇的学者"，他曾预言了眼镜和带发动机的交通工具，并设想当飞船在大气中漂浮时，通过"液体燃烧"使之保持飞行。

在1250年左右问世的《工艺和自然的奥秘》一文中，罗杰·培根描述："供飞行用的机器，上面坐一个人，靠驱动一台器

从梦想到现实

意大利人达·芬奇

械，靠人造翅膀上下扇动扑打空气，尽可能地模仿鸟的动作飞行。"这种描述已非常接近后来的飞机。15世纪的意大利人达·芬奇也曾深入研究过人类如何模仿鸟类飞行。这类模仿鸟类飞行的机器，便是扑翼机。

1678年，法国锁匠贝尼埃巧妙地模仿鸟类扑翼的特点，制造出了一个肩上放两根杆子，杆子各放一对长方形的活动翼，用绳索相连，手脚同时用力使杆头向上摆时活动翼收合，向下摆动时展开，看上去跟真鸟一样灵活的"飞行十字架"，贝尼埃因此声名远播。波兰瓦迪斯瓦夫四世时的一个意大利人蒂图尼·布拉蒂尼，据说也曾设计出可飞离地面几英尺高的扑翼机。

类似的思考和试验持续了几个世纪，但人类的飞行之路依然漫长。正如我们在前面关于风筝的文字中所讨论过的，

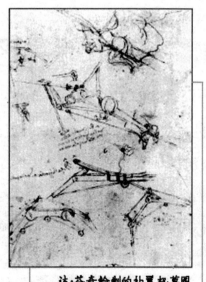

达·芬奇绘制的扑翼机草图

鸟翅膀的扇扑动作、稳定方式极为复杂，即使在航空技术相当发达的今天，也造不出有实用价值的仿鸟飞行器。因此，人类要想升空飞行，必须彻底摆脱单纯地模仿鸟类的设计思想。

但是这里我们还是要提到一位扑翼机的研究者，耶稣会牧师劳伦索·德·古斯芒。据说他制造出的扑翼机已经不那么像鸟类了，而是有些夸张、有些另类，被称为"鸟式气球"。然而关于古斯芒更有意义的事情应该是他在葡萄牙王宫进行的热气球升空表演。

11. 气球发明的竞赛

古斯芒的热气球装置与中国古代的孔明灯较为类似，但时间

热气球的魅力

上要比后者晚 1500 多年左右。1709 年 8 月 8 日，古斯芒在葡萄牙王宫进行了他的热气球升空表演。他将一个盆型小船上面蒙上粗帆布，把酒精和燃料放在盆底点燃，小船便摇摇晃晃离开地

从梦想到现实

面。然而飞到不高的高度时，小船就偏离上升方向，一头撞在墙上，瞬时燃烧起来，并在下落的过程中烧着了宫中华丽的垂幔和其它东西。好在国王陛下没有怪罪他。以王宫火灾为代价，古斯芒证明了热气球飞行的可行性。

J.M.蒙哥尔费和J.E.蒙哥尔费兄弟

但是74年后的法国人蒙哥尔费兄弟，才被认为是热气球的真正发明者。蒙哥尔费兄弟原本是造纸工人。当他们看到碎纸片在篝火上飞舞时，产生了利用热空气制造飞行器的念头。1783年6月5日，他们公开展示了自己制作的热气球。该气球用纸和亚麻布糊成，直径约10米，内部灌入燃烧湿草和羊毛产生的热烟。当气球中充满热烟后，绳索被松开，气球逐渐升到约475米

查理乘氢气球飞上天空

的高空，飞行10分钟后在1600米外的地方降落。同年8月27日，法国人查理的氢气球试验也取得了成功。

氢气球的升空成功，刺激了蒙哥尔费兄弟的好胜心。他们宣布，要制作出一只更大的且能够载人飞行的热气球。法国国王路易十六知道后，特别邀请他们到巴黎制作气球，并要他们在凡尔

圣米歇尔勋章

塞宫进行表演。9 月 19 日，蒙哥尔费兄弟制成了一只高 17 米、直径 12.5 米的气球，并首次进行了装载动物升空试验，吊舱里面装了公鸡、鸭子和绵羊各一只。结果除了公鸡的翅膀受了一点伤外，绵羊和鸭子都安然无恙。这就为气球载人飞行提供了足够的可能性。路易十六大喜，为蒙特哥菲尔兄弟颁发了圣米歇尔勋章。

蒙哥尔费热气球

从梦想到现实

第三章　真正的飞翔

鸟类有鸟类的飞行方式，人类有人类的飞行方式。

鸟类拍拍翅膀便能够飞翔，是造物主的恩赐。人类想要自由飞翔，却唯有在将自身智慧转化为有效发明之后才可以实现。这一过程是如此漫长却又如此妙趣横生，以至于吸引无数人才投身其中，乐此不疲。即便是遭遇数不清的失败和打击，甚或还要赔上性命，他们也还是怀抱梦想和希望，继续在图纸上演算写划，在试验场翻倒重来。或许正是这种钻研的精神和持续的热情，才是人类飞翔必须要依靠的双翼。

于是，我们在三月的春风里看到风筝的飘逸，在七月的夜空中看到孔明灯的缥缈，在月圆之夜遥想广寒宫里的仙子，在晨曦初现点燃热气球的火种，在万米高空亲近机窗外的白云，在银屏前面加入火箭发射前的倒计时数数。

1. 载人气球的首次飞行

1783 年是值得纪念的一年。这一年，热气球升空，氢气球升空，

热气球搭载鸡鸭升空。有史可查的人类飞翔，也是在这一年实现的。

9月19日完成动物升空的飞行后，蒙哥尔费兄弟着手准备载人飞行的试验。兄弟俩制作了一只更大的气球，能够载两个人升空，而且可以通过空中添加燃料，使气球得以持续充气。

人类乘气球第一次升空

载人试验依然是在国王陛下的支持下进行的。考虑到飞行的危险性，路易十六原本打算让几名已判处死刑的罪犯乘气球试验，答应如果成功的话就恢复他们的自由。国王的打算遭到年轻的化学家弗朗索瓦·皮拉特尔·罗齐尔的坚决反对，他说："不行，不能这样！难道说让第一次升空的伟大荣誉归于罪犯名下？"为他的勇气所打动，路易十六同意由他和另一位勇敢者达兰德斯进行第一次空中载人飞行试验。

1783年11月21日下午，在巴黎的穆埃特堡，蒙哥尔费兄弟异常忙碌，他们新设计的大气球被系在两根高高矗立的木柱上，兄弟俩正亲自往热灶里添燃料。罗齐尔和达兰德斯，这两位无畏的航空先驱者，面色从容地跨进了吊篮。几分钟后，充满烟气的气球挣脱了系留索，载着罗齐尔二人飘向了一碧如洗的天空。气球上升到了900多米的高度，在飞越半个巴黎之后降落在意大利

从梦想到现实

广场附近，期间共飞行了 25 分钟。这是人类历史上的首次飞行，比莱特兄弟的飞机飞行整整早了 120 年。

人类终于升上了天空！不是依靠翅膀，而是依靠气球。这是令人鼓舞的大事件。19 世纪的法国科幻大师儒勒·凡尔纳，自然不会放过这样的好题材，据说他的处女作就被命名为《气球上的五星期》。而历史上最著名的热气球，也莫过于他的小说《80 天环游地球》里那只载着绅士福克周游世界的巨大热气球了。

法国科幻小说家
儒勒·凡尔纳

2. 比气球先进的飞艇

载人气球的升空，在为它的发明者和试验者赢得荣誉和尊重的同时，也鼓励和加速了更为先进的飞行器的诞生。

飞艇是气球的进一步发展。与气球相比，飞艇是有动力的、可控制的但同样轻于空气的航空器。1784 年，法国人芒斯纳埃与罗伯特兄弟曾先后进行过飞艇设计，前者由于资金原因没有落实，后者则因设计缺陷而在试飞时失败。此后，人们又提出许多设想，制造出各种各样的飞艇。这些飞艇不仅继承了芒斯纳埃飞艇的特点，而且有了用来操纵飞艇飞行方向的舵面装置。

1852 年，法国人亨利·吉法尔制造了历史上第一艘动力驱动的飞艇，并驾驶它穿越 27 千米从巴黎飞到特拉普，创造了世界上飞艇飞行的首次纪录。这

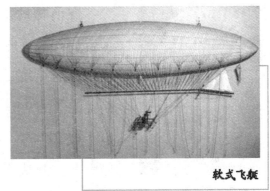

软式飞艇

艘飞艇长 44 米，直径 12 米，体积 2499 立方米，外形似一支"雪茄烟"，内置氢气软囊。艇上装有蒸汽机以驱动螺旋桨产生推进力，并依靠方向舵进行转向和盘旋。这种飞艇被称作软式飞艇，保留了气球的某些优点，但承受载重的能力有限。

亨利吉法尔的动力飞艇

19 世纪末 20 世纪初，随着动力技术和铝合金冶炼技术的发展，德国人齐伯林发明了硬式飞艇。这种飞艇采用全新的硬式结构：艇身采用铝制框架结构，框架外部有织物蒙皮，框架内部由纵梁和纵梁构成的隔框把整个艇身分为几个到十几个舱室，每个舱室中放置一个气囊。好处在于即使部分舱室受到损坏，也不会影响整艘飞艇的工作。

从梦想到现实

飞行专家齐伯林

齐伯林的工作是从 1887 年开始的，他曾建立"飞艇飞行推进协会"，并在 20 世纪初的短短 20 多年里，先后与人合作制造出了 129 艘各型飞艇。这些飞艇大都以类似 LZ－1、LZ－2、LZ－3 的方式编号命名。制造于 1900 年的 LZ－1 号，是世界上第一艘真正实用的硬式飞艇。该艇长 129 米，直径 11.6 米，框架由一根纵向龙骨、24 根木桥条和大量的纵向径向的张线组成，框架外面蒙有防水布，分前后 2 个舱室，各装有 16 马力的发动机。艇内有 16 个气囊，容积为 22500 立方米，载重量为 8.7 吨，总升力达 13 吨，升限为 2500 米。随后的 LZ－2、LZ－3 号等飞艇也都在试飞中取得了成功，性能十分稳定。这些大型飞艇不同以往的软式飞艇，已经能够完成长途运输和空中作战等多种任务，因而大大加强了德国的军事力量。

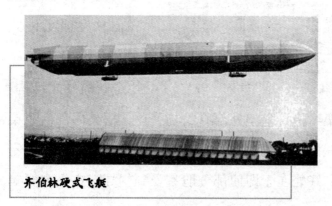

齐伯林硬式飞艇

一战期间，参战各国建造了几百艘飞艇，用于执行轰炸和侦察任务。但战争中的实

践证明，飞艇由于自身的弱点，不适于作为一种攻击性武器。同时由于战后飞机事业的蓬勃发展和飞机性能的高速提升，飞艇逐渐被挤出了空中舞台。

3. 滑翔机的贡献

气球和飞艇虽然可以帮助人类飞上天空，但由于它们飞行速度低、续航时间短、不易操纵和控制，对载人来说很不安全，所以气球和飞艇的每一次升空都或多或少带着点冒险的意味。而且不断发生的飞行事故也警示人们：这些轻于空气的飞行器不论是在安全性、操纵性还是发展前途上都存有很大局限性。因此，飞行器研究者的注意力很快转移到重于空气的滑翔机和飞机上面去了。

英国人乔治·凯利爵士，一生中设计了多架滑翔机，并进行过载人试飞。他曾研究了风筝和鸟的飞行原理，于 1809 年试制了一架滑翔机，但在后来的试验中被撞毁了。1847 年，已是 76 岁的凯利制作了一架大型滑翔机，两次把一名 10 岁的男孩子带上天空。一次是从山坡上滑下，一次是用绳索拖曳升空，飞行高度为 2~3

英国"航空之父"乔治·凯利

从
梦
想
到
现
实

米。4年后，由人操纵的滑翔机第一次脱离拖曳装置飞行成功，凯利的马车夫成为第一个离地自由飞翔的人，飞行了约500米远。

凯利对飞行原理、空气升力及机翼的角度、机身的形状、方向舵、升降舵、起落架等都进行了科学的研究和试验，他首次把飞行从冒险的尝试上升为科学的探索。他主要的理论反映在其著作《关于空中的航行》中。这本书为后来的飞行器研究者提供了重要的经验。乔治·凯利也因此被称为"航空之父"。

1853至1854年间，法国人勒图尔做过这方面冒险。他制造了一个降落伞与滑翔机复合体，从气球上跳下，用两只手臂扇动扑翼。但是，在1854年的一次尝试中，由于降落伞的故障，勒图尔献出了自己的生命，他的试验并不是真正的滑翔，而是主要借助降落伞减速下降。1881年，法国人穆亚尔在其出版的著作《空中王国》中，提出固定翼滑翔机的思想，把凯利的思想进一步发扬光大。

而最早的可操纵滑翔机是德国人李林塔尔发明的，他是世界公认的"滑翔机之父"。从1891年到1896年，他先后制造了18种不同的滑翔机，其中有12种是单翼机，6种是双翼或多翼机。他的滑翔机除了翼面积的大小和布局不同外，机翼形状几乎是一样的，很像天空中飞行的大鸟的翅膀。李林塔尔还善于创制仪器，进行航空实验来验证观察的结果。李林塔尔注意积累数据，总结经验，纠正了前人"多层叠置窄条翼"的片面做法，第一次

提出了"曲面机翼比平面机翼升力大"的观点，为后来飞机的发明成功作出了决定性的贡献。他所著《鸟类飞行是航空的基础》一书，被后来的飞行探索者奉为经典之作。

李林塔尔进行滑翔飞行

1891 年，李林塔尔制成一架蝙蝠状的弓形翼滑翔机，成功地进行了滑翔飞行。1894 年，他从柏林附近的悬崖上起飞，成功地滑翔了 350 米。这是当时世界上最远的滑翔距离纪录，也是航空史上最早的飞机性能纪录之一。在 1893 到 1896 年的三年内，李林塔尔进行了两千次以上的滑翔飞行试验，三次改进总体布局，滑翔中又拍了许多照片，积累了大量数据，并以此编制了《空气压力数据表》，为美、英、法等国的飞机制造者们提供了宝贵的资料。

李林塔尔的滑翔机

但是李林塔尔过于重视升力，而忽视了对机器的操纵。他认为改变身体重心的位置是保持滑翔机稳定的唯一办法，这一失误对他来说是致命的。1896

年 8 月 9 日，他驾驶滑翔机在里诺韦山遭遇强风而坠落，在他还未来得及将重心前移以使滑翔机低头之前，便和飞机一同坠落到了地面。次日辞世，年仅 48 岁。德国人为了纪念他的功绩，为李林塔尔树立了一座纪念碑，上面写着"最伟大的老师"。而他留给后人的最后一句话是："要想学会飞行，就必须作出牺牲。"

李林塔尔虽然死了，但他给后人留下的遗产是巨大的。后来的飞行探索者，包括第一架动力飞机的发明者莱特兄弟，都从李林塔尔的研究试验成果和勇敢探索精神中吸取了宝贵的营养。

4. 飞机的发明

说到飞机的发明，不得不先提到两位早期的天才设计家。一位是意大利的列奥纳多·达·芬奇。达·芬奇出生于 1452 年，他是第一个运用科学知识对飞行问题进行研究的人，并曾设计出了降落伞和直升机的雏形。另一位则是我们上文提到过的英国人乔治·凯利爵士。乔治·凯利被后人誉称为"航空之父"，也是公认的"飞机的创始人"。他为重于空气的航空器创立了必要的飞行原理，而在这之前，航空是"一门在公众眼中接近于荒谬可笑的科学"。乔治·凯利在他 23 岁的时候，制造过一个直升机模型，并在随后的日子里通过研究鸟的推动力，多次制造出改进型的滑翔机原型机。

英国工程师威廉·塞缪尔·亨森，是乔治·凯利的最重要的追随者之一。他于1843年提出的飞机设计方案"空中蒸汽车"，几乎具备了成功的载人动力飞行所需要的一切要素，他设计的飞机草图非常简单而且合理，令人觉得建造飞行器这一幻想离现实只有一步之遥。然而由于在当时缺乏必要的理论和技术基础知识，亨森也只有停下他的探索工作。

法国电气工程师阿代尔，动力飞机的研制者。1889年前后，他在法国官方资助下，设计制造了一架蝙蝠式飞机，取名"风神"，并于1890年10

阿代尔的蝙蝠形飞机

月9日，在格雷茨湖地区进行了秘密试飞。随后，阿代尔又接连制造了两架飞机。在这过程中，飞机（Airplane）——一个我们熟悉的名称诞生了。

不过，阿代尔飞机的缺点是显而易见的，比如采用扑翼实现升举，不具有稳定性和可操纵性，发动机功率不足等。此外，这些飞机的每一次试飞都秘密进行，由于军方保密，结果不得而知。后来研究者普遍认为，他的飞机是无法实现持续飞行的。阿代尔的飞行试验因此成为航空史上争议最大的事件之一。

美国人塞缪尔·兰利是航空史上另一位颇有争议的人物。

从梦想到现实

美国人塞谬尔·兰利

1886 年，兰利开始认真研究飞行问题。1891 年，他写成航空基础理论著作《空气动力学试验》，坚信人类能够研制出高速飞行的动力飞机。

兰利还进行了很多实际的设计工作。到 1901 年，他曾先后制造了大约 40 架橡筋动力飞机模型，并进行试飞试验，其中比较好的结果是留空时间为 8 秒，飞行距离 30 多米。后来，他把精力集中在蒸汽机飞机模型上。1896 年 5 月 6 日，他研制的第 5 号模型飞机进行了一次非常成功的飞行，上升到约 20 米的高度，飞行距离达 760 米。不久，另一模型取得了更大的成功，留空时间长达 2 分 45 秒，飞行达到 1500 米。接着，兰利及其助手开始研制载人动力飞机的工作。但 1903 年，两次飞行试验相继失败，兰利受到新闻媒体的冷嘲热讽，政府也取消了对他的财政支持，心灰意冷的他在三年后默默地离开了人世。

后来，人们证明兰利的飞机设计是成功的。他得出倾斜平板的升力规律：升力与平板面积成正比，与速度平方成正比，与迎角的正弦成正比。这个公式在今天依然正确。兰利，离成功仅一步之遥，遗憾的是他未能把飞行试验持续进行下去。

经过无数先驱者的不懈努力，自由飞行的梦想和我们越来越接近了。我们已经看见威尔伯·莱特和奥维尔·莱特两兄弟远远

地从风中走来。风掀起他们的衣角，兄弟俩神采奕奕，嘴角挂着笑容，目光炯炯有神。

5. 人类第一次自由飞行

威尔伯·莱特和奥维尔·莱特兄弟俩，是美国俄亥俄州一名牧师的儿子，他们从少年时代起就对飞行十分感兴趣。1895 年他们开了一间自行车修理和制造作坊，并开始研究和制造飞机。兄弟俩没有受过高等教育，但他们虚心好学，十分重视理论和实践，阅读了大量的空气动力学方面的文献，为了读李林塔尔的著作，他们自学了德文。1899 年，哥哥威尔伯·莱特向史密森学会索取了大量的有关航空的书籍和文章，进行了系统的研究。

威尔伯·莱特(左)和奥维尔·莱特兄弟

从梦想到现实

在总结前人的经验和教训的基础上，莱特兄弟开始了他们的滑翔飞行试验。从 1900 年至 1902 年，他们先后制造了三架滑翔机，进行了上千次的飞行试验，每次都详细地记录了不同情况下的升力、阻力、速度等数据，并对操纵进行了反复的改进。1901 年 9 月，莱特兄弟自己设计了一个小型风洞，用来精确测量气流吹到薄板上所产生的升力，并自己设计制造出了测量升力和阻力的仪器。

1902 年，兄弟俩设计出了他们的第一架飞机，但在当时却没有哪一个公司愿意冒险制造航空发动机和螺旋桨，于是莱特兄弟只有自己动手了。他们首先设计出图纸，然后在自行车技师泰勒

莱特兄弟的"飞鸟一号"

的帮助下，花了六个星期的时间制造出了一台 12 马力的活塞式发动机。这台发动机有四个汽缸，采用水冷方式，其总重（包括附件、水和燃料）约为 91 千克。

至于螺旋桨，当时根本没有什么数据资料或是计算公式可以供莱特兄弟参考，他们也只得从头开始，研究理论。经过艰苦的努力，终于制造出了一种效率比较高的螺旋桨。

1903 年 12 月 17 日，莱特兄弟制造的第一架飞机——"飞鸟

一号（flyer－1）"，出现在北卡罗莱纳州的基蒂霍克海滩上。它的机身骨架和机翼都是用又轻又牢的枞木和桉木制成的，螺旋桨也是枞木的，弯曲的机翼上蒙着薄薄的但十分结实的棉布。飞机的长度为6.5米，翼展12.3米，整架飞机的重量为280千克，飞机完全靠螺旋桨的推动力起飞。

这一天里，"飞鸟一号"总共进行了四次飞行。第一次试飞是由弟弟奥维尔驾驶的，飞机摇摇晃晃在空中飞行了12秒钟，在36米远的地方降落下来。第四次飞行由哥哥威尔伯驾驶，飞机在空中飞行260米，历时59秒。

59秒，虽然很短暂，但却是得到公认的人类第一次自由飞行。从此以后，我们将不再羡慕鸟类的扑翼，望洋兴叹也将会成为过去。我们会飞过高山，跨越海洋，水上起飞，舰上着陆，漫步云端，俯瞰大地。像鸟一样飞翔，却比它们飞得更高；像风一样自由，却比它们更有方向；像云一样轻盈，却能够停留在最低处。而如果真有胁生彩翼的天使，似乎也该和我们一般心存天地、俯仰自如吧。

6. 法国人再次领先

20世纪之前，法国在航空领域的探索取得过世界瞩目的成就，引领着航空探索的潮流。但在20世纪初的几年里，法国航

从梦想到现实

空开始落后于美国。但通过伏瓦辛兄弟等一批卓越先驱者的创造，到一战前，法国航空又取得世界领先的地位。

伏瓦辛兄弟是指夏布里埃·伏瓦辛和查里斯·伏瓦辛，其中夏布里埃对欧洲航空大发展做出的贡献更大一些。1904～1905年间，夏布里埃驾驶莱特式滑翔机，进行过多次试飞，但都没有取得很大成

夏布里埃·伏瓦辛和查里斯·伏瓦辛兄弟

功，飞行效果也不理想。于是亲自设计制造了与莱特式滑翔机不同的浮筒式滑翔机，主翼底部安装有浮筒，试飞距离达到150米。1905年7月18日的第二次飞行试验，滑翔距离达300米。1907年，伏瓦辛兄弟俩创办第一个飞机研制工厂，在浮筒式滑翔机基础上，研究出标准型伏瓦辛双翼动力飞机。伏瓦辛兄弟的设

桑托斯·杜蒙

计和试验，对他们同时代的飞机研制者桑托斯·杜蒙和亨利·法布尔，都曾产生过重要的影响。

桑托斯·杜蒙是侨居法国的巴西人，曾因飞艇技术上的成就而名扬欧洲。在莱特兄弟飞机发明不久，开始着手研制重于空气的飞行器。1906年

夏，他制造了第一架动力飞机，取名"捕猎鸟"。其首次飞行是由杜蒙的第14号飞艇携带进行的。可能由于飞机太重之故，它仅离开地面不到10米。1906

桑托斯·杜蒙进行飞行试验

年10月23日，杜蒙驾驶这架改装后的飞机，成功地进行了欧洲首次持续、有动力、可操纵的飞行。虽然杜蒙的成绩远远不如莱特兄弟的首次飞行，但其意义重大，较之后者他的飞机具有更大的潜力。11月12日，他又驾驶这架飞机飞行了220米，留空时间21秒，创造了国际航空联合会承认的第一个直线飞行速度纪录——42.292千米/小时。桑托斯·杜蒙由此成为欧洲第一架动力载人飞机的发明者。

"水上飞机之父"亨利法布尔

亨利·法布尔出生于法国马赛一个船主家庭。由于家庭富裕，很小就对飞行感兴趣的他有时间也有条件从事航空空气动力学问题的研究。

鉴于早期飞机性能不高、航程有限、安全性差等弱点，为扩大飞机的活动领域，同时保证飞机出现故障时能在水上迫降，法

从梦想到现实

布尔开始探索能在水上起飞着陆的飞机。1907 年到 1909 年，他进行了一系列平板在气流和水流作用下运动特性试验，其中包括水翼面和浮筒试验。这些试验加上他较深的理论素养，极大促进了他水上飞机的研制。1909 年，法布尔设计了第一架水上飞机，装有 3 台活塞发动机，共同带动一副螺旋桨，但飞机试飞没有成功。当年年底，法布尔又设计了第二架水上飞机——"水机"。"水机"装有一台新型转缸式发动机，机身下安装三个水翼式浮筒，在一定程度上可吸收降落时的水波冲击力。

法布尔进行水上飞机试验

1910 年 3 月 28 日，法布尔在马赛附近拉米德港驾驶"水机"做第一次飞行，未能升起；第二次水面滑行时，"水机"顺利升空，做了一次约 500 米的直线飞行，升空不久关掉发动机，飞机在水上安全着陆；当天又飞了三次，其中一次实现了转弯飞行；第二天，他驾驶"水机"飞出了 6 千米的好成绩。因为在水上飞机的发展方面所做出的开创性贡献，亨利·法布尔被称为"水上飞机之父"。

此后，欧洲航空迅速进入新的发展时期，新型飞机接连出现，性能迅速的提高，很快就超过了莱特兄弟的水平。

7. 中国飞机设计师冯如

20 世纪 90 年代初期，当欧美各国如火如荼地进行飞机研制时，中国也出现一位了不起的飞机设计师和飞行家——冯如。

冯如，字鼎三，号九如，广东省恩平县人。早年赴美，在旧金山和纽约做工，钻研机械工艺技术。1903 年莱特兄弟飞机飞行成功后，冯如深受影响，立志从事飞机制造。1906 年，他以"壮国体，挽利权"为宗旨，向

中国飞行家冯如

华侨筹资，于 1907 年在奥克兰设计制造飞机。其间，他屡遭挫折，矢志不移，终于在 1909 年制成一架试验性飞机。同年 9 月 21 日，他驾驶自制飞机在奥克兰附近试飞，飞行距离超过莱特兄弟首次试飞的成绩。1910 年，冯如又制成了一架双翼飞机，并在奥克兰举行的国际比赛中，以时速 104.6 千米，高度 213.2 米，航程 32.1 千米，获得冠军。

冯如成名之后，美国各地争相以高薪聘请，但受到孙中山先生的鼓励，他毅然于 1911 年携带飞机回国到达广州。辛亥革命

爆发后不久，冯如加入革命军，任飞行队长，准备北上作战，后由于清帝溥仪的退位而作罢。1912 年 8 月 15 日，冯如在广州燕塘飞行表演中因飞机失事而牺牲，年仅 29 岁。

弥留之际，冯如嘱咐同志："吾死后，尔等勿因是失其进取之心。"他的爱国和进取精神，永远激励着中国航空事业不断进步。

8. 在越野飞行中磨练成长

20 世纪初期是飞机由幼年步入成年的关键时期。经过多年的飞速发展，飞机已经深入人心，航空理论已具雏形，发动机性能不断提高。而飞机性能的检验，除了参加各种航空竞赛之外，主要是通过越野飞行来实现的。越野飞行由于条件艰苦，路途遥远，因此对于考验飞机性能发挥了巨大作用。

早期飞机越野飞行

从 1910 年起，欧洲航空界兴起了越野飞行热。在越野飞行过程中，有的飞机因操纵不当发生坠机事故，有的飞机因性能不佳而坠落。莱特式飞机的历史功绩不容抹杀，但随着飞行环境的恶化，它的根本性缺陷也暴露出来。在众多的飞行事故中，莱特式飞机多于其它飞机，双

翼机事故多于单翼机。

人们从惨痛的事故中认真分析研究故障原因，并且有针对性地对新设计的飞机进行相应的改进。从某种意义上讲，飞机的历史或多或少是灾难的历史。在航空技术的幼年时期，飞机发生飞行事故在所难免。所幸，每发生一次事故，人们都能从中获得教训，通过改进的办法，从而使飞机性能、可靠性和技术水平都提高一步，并且逐渐降低事故率。就这样，飞机在磨练中成长着，逐渐发展为具有实用价值的飞行器。

9. 不同材质的飞机

航空材料对飞机性能的影响很大，材料技术的不断进步是航空发展历程重要的组成部分。飞机研制者采用的材料先后有木材、金属、塑料等。

早期的飞机几乎全部采用木质材料制成。1906 年，法国工程师维尔姆在一次实验中意外地发现含 4% 的铜、0.5% 的镁、0.5% 的锰以及少量硅、铁的铝—铜—镁合金，在急速冷却之后，强度和硬度均会有所增加。这就是最早出现的铝合金——杜拉铝。杜拉铝问世以后，人们一直把提高铝合金的抗拉强度作为研究重点。从 20 年代开始，美国人通过在合金中增加硅和镁的含量，先后研究出 2014 铝合金和性能更好的 2024 铝——超级杜拉

从梦想到现实

德国飞机设计师容克斯

铝合金，抗拉强度显著提高。这为飞机材料开辟了光明的前景。

20世纪头20年，德、法等国已经设计出为数不多的几架铝合金飞机。由于在气动布局上没有大的突破，所以性能没有什么提高，而且还增大了质量。但是，随着对飞机性能要求的不断提高，飞机速度的提升，载重的增大，机动性增强，木质材料的缺点越来越多地暴露出来，诸如结构脆弱、安全性差等，木质结构走到了尽头。人们也逐渐意识到全金属飞机的安全性大大优于木质飞机。

全金属飞机最早产生于军用飞机领域。世界上第一架全金属军用飞机是德国飞机设计师容克斯设计的J.1"锡驴"（Blech-esel）。这种采用铝合金蒙皮和防护装甲的双翼机，

铝合金材料

还是最早的攻击机，机上安有机枪，载有少量炸弹，可低空对地面目标进行扫射轰炸。1915年12月12日，J.1首次试飞，标志

着全金属飞机的诞生，为飞机性能的迅速提高开辟了道路，也标志着飞机发展进入一个新的时代。

第一架全金属飞机J.1"锡驴"

世界上第一架全金属客机也是由容克斯研制的，它被命名为F13，于1919年6月25日完成首次飞行。机上装有1台136千瓦的活塞式发动机，空勤人员2名，可载旅客4人。F13的巡航速度可达140千米/小时，该机共生产了322架。1932年，容克斯公司在它的基础上，又推出了大型客机Ju－52。

大型客机Ju-52

20年代末30年代初的美国，各航空公司的飞机仍以木质飞机为主。究其原因是当时的全金属飞机在性能

第一架全金属客机F13

第三章　真正的飞翔

波音247

上并无优势，而且造价较高。1925 年，福特汽车公司的飞机制造部曾推出了全金属、三发动机的福特型客机，仍然没有改变木质飞机一统天下的状况。

直到 1931 年 3 月 31 日，一架美国环球航空公司的福克型客机在堪萨斯州坠毁了。虽然这样的事故当时经常发生，但由于遇难者中有一位名闻名全美的橄榄球教练，因而引起了举国震动。全国上下一致指责环球航空公司和它的木质客机，从根本上动摇了公众对木质飞机的信心。于是，飞机制造商们也加快了研制新型全金属客机的步伐。20 世纪 30 年代以后，铝合金逐渐取代早期的木质材料成为飞机材料的主流。如波音公司出产的波音 247 和道格拉斯公司出产的 DC 系列，均为全金属客机。此后人们研制出了更多的航空用铝合金材料，使铝合金成为飞机的主要结构材料。

与此同时，人们也在不断探索其他适合制造飞机的材料。1983 年 5 月 26

道格拉斯公司出产的DC-3

日，在巴黎机场成功试飞了世界上第一架全塑料飞机，名叫
AVTEK400。它的研制者是美国人维台卡博士和日本人河合博士，
前者是飞机设计专家，后者是航空学和高分子化学专家。该机机
体是以杜邦公司生产的合成树脂和日本东莱公司生产的碳纤维为
原料制成的，全重2.5吨，为同类飞机重量的1/2。它的起飞性
能优越，起飞跑道只要380米，最大速度780千米/小时，耗油
为同类飞机的一半，可乘坐六人。它也是世界上第一架能够横贯
飞越美国大陆的小型飞机。

世界上第一架全塑料飞机AVTEK400

10. 不同款式的飞机

根据实际需要或者研究者的个人兴趣，大大小小不同款式的
飞机陆续出现在人们的视野之中。

从梦想到现实

西科尔斯基设计制造的"俄罗斯勇士"号

大型飞机的起源可以追溯到第一次世界大战前的俄国。1912年，俄国飞机设计师西科尔斯基设计制造出世界第一架大型多发动机飞机，起初工人们都叫它"伟大号"。1913年5月13日，西科尔斯基亲自驾驶这架飞机试飞成功，官方正式命名为"俄罗斯勇士号"。"勇士号"翼展长达28米，机长19米，总重量5吨，装有4台发动机，能载乘员1名、旅客8名到16名，典型续航时间为7小时45分钟，最大速度为95千米/小时。西科尔斯基在这架飞机基础上，又设计制造了另一种大型多发飞机"伊利亚·莫罗梅茨号"，加大了发动机的功率。1914年

前苏联出产的安-124

2月11日，它载16名乘客做了一次成功的飞行。据称，这次飞行打破了当时所有的各项飞机飞行纪录，成为当时世界上最先进的飞机。第一次世界大战期间，这种飞机用于执行侦察任务，还曾被改装为重型轰炸机。"勇士号"的结构设计有着重要的意义，奠定了大型飞机的发展基础。

1986年4月，苏联出产的安－124成为当时世界上最大的飞机。机长65米，翼展73米，它像一艘飞行渡轮。机舱内有效空间为1000多立方米，下舱面板长36米，宽6.4米，一架飞机能提升150吨货物。最大飞行距离为16500千米。在巡航速度每小时800至850千米时，可在空中飞行20小时。满载150吨时，飞行距离降至4500千米，但仍可超过莫斯科至巴黎的距离。

世界上最小的飞机，由苏联试制成功，其重量只有27千克，长约3米，高1米。速度为42～130千米/小时，每小时耗油3升。这架飞机操作简单，可在30米以内的跑道上升降。除此之外，美国有两架微型飞机被"吉尼斯大全"列为最小飞机的纪录。一架是"空中婴儿"，于1952年5月首次试

最小飞机"空中婴儿"

从梦想到现实

飞，机长2.8米，翼展2.18米，重205千克，最大速度为298千米/小时。另一架是"大黄蜂"，于1984年1月首飞，机长2.7米，翼展2米，重340千克，最大速度为290千米/小时。世界上最小的喷气式飞机是"银色子弹号"，它是美国亚利桑那州阿吉拉的鲍勃·毕晓普夫妇于1976年建造的。它长3.7米，翼展5.2米，重约194千克，水平飞行速度483千米/小时。

微型飞机"大黄蜂"

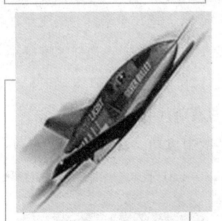

最小的喷气式飞机"银色子弹"号

最早的无人驾驶飞机出现在第一次世界大战期间。当时英国的卡德尔和皮切尔两位将军，向英国军事航空学会提出了一项建议：研制一种不用人驾驶，而用无线电操纵的小型飞机，使它能够飞到敌方上空，投下炸弹。这种设想得到了当时英国军事航空学会理事长戴·亨德森爵士的支持。这

一战期间英国试验的AT无人驾驶飞机

项试验工作由 A·M. 洛教授负责。为了保密，该计划被命名为"AT 计划"。经过多次试验，研制小组首先研制出一台无线电遥控装置。飞机设计师杰佛里·德哈维兰设计出一架小型上单翼机。研制小组把无线电遥控装置安装到这架小飞机上。1917 年 3 月，世界上第一架无人驾驶飞机在英国进行了第一次飞行试验。但是起飞后不久，飞机发动机突然熄火，导致飞机坠毁。过了不久，研制小组又研制出第二架无人机进行试验。飞机在无线电的操纵下平稳地飞行了一段时间后，发动机又突然熄火。两次试验的失败，并没有使洛教授灰心，继续进行着无人机的研制。此后，其他国家相继展开了无人驾驶飞机的研制。

英国的"鹞"式飞机

此外，为了能在战斗中抢得先机，从 20 世纪 50 年代中后期开始，一些国家开始研制垂直起降飞机。一般的飞机起降时，都需要在机场跑道上滑行一段距离。这样，机场如果被摧毁，战斗机就会丧失作战能力，而垂直起降飞机能够克服这种局限。世界上第一种实用型垂直起降战斗机是英国的"鹞"式飞机，由霍克公司研制，主要用于空中近距支援和战术侦察。1966年8月"鹞"式原型机试飞，1969年4月开始装备英国空军。"鹞"式垂直起降飞机，主要依靠改变发动机喷口的喷气方向来实现垂直起落。"鹞"具有中低空性能好、机动灵活、可随同战线迅速转移等优点。在

F—117战斗机

1982年的英阿马岛之战中，"鹞"式飞机首次参战，执行截击任务，击落对方飞机16架。

另一个研究方向则是隐形飞机的研制。隐形飞机，也称隐身飞机是利用各种技术手段减小雷达反射和红外辐射，不易被各种雷达或红外探测系统发现的飞机。所谓隐身，不是指飞机在肉眼视距内也不被发现，而是指敌方的探测工具探测不到或难以辨认。二战期间，一些飞

B—2轰炸机

机就采用特定的迷彩涂料，降低飞机与天空背景的对比度，从而不易被敌人的肉眼发现，这是最原始也是最简单的隐身技术。现代飞机的隐身性能通常用雷达散射截面积来表示，这个值越小，雷达能够探测到的距离就越短，在加上作战飞机速度极快，使敌人没有足够的预警准备时间。现代隐身技术主要从四个方面考虑。一是材料选用，在飞机表面采用特殊吸波材料和涂层，将雷达波尽可能多地吸收，减少反射率。二是飞机布局，尽量使飞机外表呈平滑过渡，减少垂直相交

面，机翼与机身融为一体；减少外挂的武器、副油箱、发动机吊舱，遮挡发动机进气道和尾喷管，并用特殊的形状减少雷达波反射等。三是尽量减少气动热和发动机排热，增强红外隐身效果。四是施放强烈的电子干扰，干扰对方雷达不能正常工作。目前，比较著名的

第四代战斗机F-22

隐身飞机主要有美国的 F-117 战斗机、B-2 轰炸机以及第四代战斗机 F-22。

11. 立地升空的直升机

波音V-22鱼鹰偏转旋翼垂直起降飞机

生活中很多人会把直升机叫作"直升飞机"，进而把直升机和垂直起降飞机误认为一种。其实这是不准确的外行说法。因为垂直起降飞机是属于飞机，而直升机并不属于飞机。从飞行原理看，飞机靠它的固定机翼产生升力，而直升机是靠它顶部的桨叶（旋翼）旋转产生升力。从结构看，直升机主要由旋翼、机身、发动机、起落装置和操纵机构等部分组成。根据旋翼副数，分为单旋翼式、双旋翼式和多旋翼式。单旋翼式直升机尾部还装有抗扭螺旋桨，用以平衡单旋翼产生的反作用力矩和控制直升机的转弯。直升机最显眼的地方是头上窄长的大刀式的旋翼，一般由2~5片桨叶组成一副，由1~2台发动机

第一架实用型FW-61双旋翼直升机

带动，看起来很像民间玩具竹蜻蜓。其实正是竹蜻蜓给直升机的发明提供了启示。经历了较长时间的摸索，1907年法国工程师路易士·伯雷格和黎歇设计出世界上第一种能载人的直升机，比莱特兄弟发明飞机仅仅晚4年。

世界上第一架能正常操纵的实用型直升机，是福克沃尔公司研制成功的FW-61双旋翼直升机。第一架原型机于1936年6月26日首

美国VS-300直升机

次试飞。1937年，德国著名女试飞员汉娜·赖奇曾驾驶FW-61在柏林进行飞行表演。这架直升机创造了122.35千米的直升机航线距离纪录、3427米的高度纪录、1小时20分49秒的续航时间纪录和122千米/小时的速度纪录。但是这架直升机仍旧停留在原型机阶段，并没有投入批量生产。1939年9月14日，美籍俄国人西科尔斯基研制成功VS-300直升机，成为现代直升机的鼻祖。

世界上最大的直升机是苏联米里设计局研制的米-12。该机于1965年开始设计，于1969年2月12日首次试飞。米-12采用横列式双旋翼布局，旋翼直径35米，旋翼桨间距离67米，机身长37米，机高12.5米，总重115.7吨，载重35.4吨，最大平

从梦想到现实

最大的直升机米-12

飞速度 260 千米/小时，实用升限 3500 米。1969 年 8 月 6 日，曾创造载重 40.2 吨的当时世界纪录。但由于技术原因，该机没有投入大规模使用。

美国佛罗里达州奥兰道直升机公司于 1988 年研制出来世界上最早的电动直升机。这种新型直升机，将传统的耗油电动机改装为耗电的电动机。电力是由装配在直升机底部的一组特殊的氢氧化锂电池提供。这种特殊电动直升机电池与常用的铝酸电池不一样，充电极为方便，只要换上新的锂板即可自行充足电，供直升机飞行数小时。这种电动直升机飞行起来没有声音，也不会散发出热量，因此不易被热导的武器所攻击，具有很重要的军事价值。

现代电动摇控直升机

12. 战争推动喷气式飞机研发

20 世纪上半叶，飞机得到了迅猛的发展，人们以极大的热情投入到飞机速度的提高上。除了改变飞机的气动外形，减少飞机在空气中飞行时所受到的阻力外，提高飞行速度最重要的方法是提高飞机发动机的效率，使飞机在飞行中获得更大的推力。

二战以前的航空器是活塞式飞机一统天下的局面。活塞式发动机结构相对简单，技术要求不高，而且耗油率低，能很好满足当时低速飞行的要求。但随着飞机速度的不断提升，活塞式发动机暴露出了它致命的弱点——功率太低，无法为飞机在高速飞行时提供足够的推力。到 1945 年，空气动力学家和飞机设计师们的注意力转向了一种全新的喷气发动机上，从而揭开了航空史上重要的一页——超音速飞行时代。

其实，早在飞机发明几年后的 1908 年，法国人洛林在就已经提出喷气推进的理论。他的设想是，将活塞发动机的排气阀上接一支扩张型的喷管，利用燃气从喷管向后喷射的反作用力使飞机前行。1910 年，旅居巴黎的罗马尼亚人柯安达进行了最早的喷气式飞机试验飞行。他用一台活塞发动机带动一支管道内的风扇转动，驱动空气向后喷出产生了反作用推力。当年 11 月 10 日，从未驾驶过飞机的柯安达用自己设计的飞机进行了一次短暂的跳跃。这次试飞虽然不算成功，但不少报刊给予了相当高的评价。

20 世纪 30 年代，德国人欧海因和英国人惠特尔各自在同一时期完成了喷气发动机的发明。1936 年 4 月 15 日，欧海因与亨克尔飞机公司签订了研制喷气发动机的合同。在随后的三年时间里，经过不断的试验与失败，第一台涡轮喷气发动机于 1937 年 9 月首次运转成功。用于试飞的配套飞机于当年年底开始研制，1939 年春制造完工，定名为 He – 178。1939 年 8 月 27 日，在第二次世界大战爆发前一个星期，德国著名试飞员瓦西茨驾驶 He – 178，进行了首次飞行。伴随着发动机的巨大轰鸣声，世界上第一架喷气式飞机冲上了蓝天，那震耳欲聋的声音向人们宣告了喷气时代的来临。

第一架喷气式飞机He-178

几乎与此同时，英国弗兰克·惠特尔爵士也独立研制出了"U"型喷气发动机。惠特尔早在 1930 年获得英国喷气发动机设计专利，但却没能说服军方和航空发动机企业研制这种新型发动机。1935 年底，在一些朋友资助下，惠特尔设计出第一台试验机。1937 年 4 月，试验机试车运行，英国军方开始给予财政支持。1940 年 7 月，惠特尔制造出稳定工作的喷气发动机。随后，装备该发动机的英国第一架喷气式飞机 E28/39 由格罗斯特公司研制成功。1941 年 5 月 15 日，格

罗斯特公司首席试飞员萨伊尔驾驶 E28/39 腾空而起，它的试飞成功比德国的 He－178 晚了 1 年零 9 个月。

以 He－178 和 E28/39 为标志，欧海因和惠特尔完成了喷气发动机的发明，揭开了人类航空历史新时代的序幕。

13. 超音速飞机突破"音障"

第二次世界大战后期，战斗机的最大速度，已超过每小时700 千米。要进一步提升速度，就碰到所谓"音障"问题。声音在空气中传播的速度，受空气温度的影响，数值是有变化的。飞行高度不同，大气温度会随着高度而变化，因此当地音速也不同。在国际标准大气情况下，海平面音速为每小时 1227.6 千米，在 11000 米的高空，是每小时 1065.6 千米。时速 700 多千米的飞机，迎面气流在流过机体表面的时候，由于表面各处的形状不同，局部时速可能比 700 千米大得多。当飞机再飞快一些，局部气流的速度可能就达到音速，产生局部激波，从而使气动阻力剧增。

为了更好地表达飞行速度接近或超过当地音速的程度，科学家采用了一个反映飞行速度的重要参数：马赫数。它是飞行速度与当地音速的比值，简称 M 数。M 数是以奥地利物理学家伊·马赫的姓氏命名的。马赫曾在 19 世纪末期进行过枪弹弹丸的超音速实验，最早发现扰动源在超音速气流中产生的波阵面，即马赫波的存在。M 数小于 1，表示飞行速度小于音速，是亚音速飞行；M 数等于 1，表示飞行速度与音速相等；M 数大于 1，表示飞行速度大于音速，是超音速飞行。

奥地利物理学家恩斯特·马赫

这种"音障"，曾使高速战斗机飞行员们深感迷惑。每当他们的飞机接近音速时，飞机操纵上都产生奇特的反应，处置不当就会机毁人亡。第二次世界大战后期，采用喷气式发动机的英国"喷火"战斗机和美国"雷电"战斗机，在接近音速的高速飞行时，最早感觉到空气的压缩性效应。也就是说，在高速飞行的飞机前部。由于局部激波的产生，空气受到压缩，阻力急剧增加。"喷火"式飞机用最大功率俯冲时，速度可达音速的十分之九。这样快的速度，已足以使飞机感受到空气的压缩效应。

空气动力学家和飞机设计师们密切合作，进行了一系列飞行试验。结果表明：要进一步提高飞行速度，飞机必须采用新的空气动力外形，例如后掠形机翼要设法减薄。苏联中央茹科夫斯基流体动力研究所的专家们，曾对后掠翼和后掠翼飞机的配置型式进行了大量的理论研究和风洞试验。由奥斯托斯拉夫斯基领导进行的试验中，曾用飞机在高空投放装有固体火箭加速器的模型小飞机。模型从飞机上投下后，在滑翔下落过程中，火箭加速器点

火，使模型飞机的速度超过音速。专家们据此探索超音速飞行的规律性。苏联飞行研究所还进行了一系列研究，了解在空气可压缩性和气动弹性作用增大下，高速飞机所具有的空气动力特性。这些基础研究，对超音速飞机的诞生，都起到了重要作用。

第一架超音速飞机贝尔X-1

美国对超音速飞机的研究，主要集中在贝尔 X－1 型"空中火箭"式超音速火箭动力研究机上。研制 X－1 最初的意图，是想制造出一架飞行速度略微超过音速的飞机。X－1 飞机的翼型很薄，没有后掠角。它采用液体火箭发动机做动力。由于飞机上所能携带的火箭燃料数量有限，火箭发动机工作的时间很短，因此不能用 X－1 自己的动力从跑道上起飞，而需要把它挂在一架 B－29 型"超级堡垒"重型轰炸机的机身下升入天空。

飞行员在升空之前，已经在 X－1 的座舱内坐好。轰炸机飞到高空后，像投炸弹那样，把 X－1 投放开去。X－1 离开轰炸机后，在滑翔飞行中，再开动自己的火箭发动机加速飞行。X－1 进行第一次空中投放试验，是在 1946 年 1 月 19 日；而首次在空

从梦想到现实

中开动其火箭动力试飞，则要等到当年 12 月 9 日才进行，使用的是 X - 1 的 2 号原型机。

美国的 F-100"超佩刀"

又过了大约一年，X - 1 的首次超音速飞行才获得成功。完成人类航空史上这项创举的，是美国空军的试飞员查尔斯·耶格尔上尉。他是在 1947 年 10 月 14 日完成的。24 岁的查尔斯·耶格尔从此成为世界上第一个飞得比音速更快的人，使他的名字载入航空史册。那是一次很艰难的飞行。耶格尔驾驶 X - 1 在 12800 米的高空，使飞行速度达到 1078 千米／小时，相当于 M1.015。

在人类首次突破"音障"之后，研制超音速飞机的进展就加快了。美国空军和海军在竞创速度纪录方面展开了竞争。1951年 8 月 7 日，美国海军的

前苏联的米格-19

道格拉斯 D.558 - Ⅱ 型"空中火箭"式研究机的速度，达到 M1.88。有趣的是，X - 1 型和 D.558 - Ⅱ 型，都被称为"空中火箭"。D.558 - Ⅱ 也是以火箭发动机为动力，由试飞员威廉·布里

奇曼驾驶。8 天之后，布里奇曼驾驶这架研究机，飞达 22721 米的高度，使他成为当时不但飞得最快，而且飞得最高的人。接着，在 1953 年，"空中火箭"的飞行速度又超过了 M2.0，约合 2172 千米/小时。

高速飞行研究的成果，首先被用于军事上，各国竞相研制超音速战斗机。1954 年，苏联的米格－19 和美国的 F－100"超佩刀"问世，这是两架最先服役的仅依靠本身喷气发动机即可在平

前苏联的米格-25

飞中超过音速的战斗机。很快，1958 年 F－104 和米格－21 又将这一纪录提高到了 M2.0。尽管这些数据都是在飞机高空中加力全开的短时间才能达到，但人们对追求这一瞬间的辉煌还是乐此不疲。将"高空高速"这一情结发挥到极致的是两种"双三"飞机，米

前苏联的米格-21

格－25 和 SR－71，它们的升限高达 30000 米，最大速度则达到了惊人的 M3.0，已经接近了喷气式发动机的极限。随着近年来实战得到的经验，"高空高速"并不适用，这股热潮才逐渐冷却。

14. 纳粹德国曾研制飞碟

飞碟和 UFO，大家应该都很熟悉，那是外星人的飞船。但是飞碟并非是仅属于高度发达的地外文明的神秘飞行器，地球人也曾有过自己的飞碟，它既不使用燃油，也不使用液氧液氢组成的推进剂，而是凭借以水和空气为燃料的反磁力发动机驰骋于天空。最新资料显示，纳粹德国早在二战期间秘密从事过飞碟的研制。

第三帝国的飞碟1

据曾参与飞碟秘密研制的德国航空工程师格尔曼·克拉斯披露，纳粹德国早在40年代秘密进行飞碟研制计划的最详实情况。而且格尔曼本人手中也曾保存过飞碟实验样机的图纸。这种飞碟的直径为 2.4米。它赖以飞行的是一台小型大功率发动机，是由留弗特瓦费工程师研制成功的。但是，第一台飞碟样机试飞时由于失控飞到车间的顶棚撞毁了，而且技术人员也没能使飞碟的速度达到尽善尽美的程度，其他类似的飞碟样机也曾试飞过。

　　1957 年 7 月 27 日，美国一家报纸发表一篇题为"希特勒曾研制过飞碟"的文章。文章说，一个叫弗·绍贝格尔的奥地利人发明了一种新型"爆炸"能源，这种能源只需使用空气和水就能制造出光能、热能和动能。1945 年 2 月 19 日，采用新型能源技术的无人驾驶飞碟在布拉格附近进行了首次试飞实验。试飞的飞碟仅用 3 分钟的时间就飞到了 1500 米高度。其水平飞行速度达 2200 千米/小时。这架试飞的飞碟既能悬停在半空中，又能向前或向后飞行。它的直径为 50 米。

　　这种原始型飞碟被命名为"飞轮－1"，设计者是什利维尔和哈贝尔默利。1941 年 2 月试飞，是当时第一个垂直起降飞行器。它的外形结构跟今天发现的飞碟十分相似，是由一

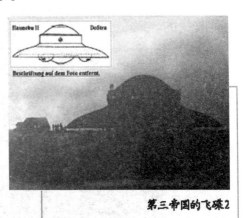

第三帝国的飞碟2

个固定不动的中心驾驶舱室旋转的宽面圆环构成的，采用德国制造的标准喷气发动机。这种飞碟虽已研制成功，但它却给设计者提出了一系列问题：由于不平衡度较大从而引起强烈振动，特别是高速飞行时。设计师曾试图加大外轮圈的重量，虽然设计方案最终还是没能达到完美的程度，但却为后人制造现代飞行器奠定了基础。

　　"柏罗湟女战神－3"型飞碟，是纳粹德国研制的最后一种型

号的飞碟，它分为两种类型：一种直径 38 米，另一种直径 68 米。它们都采用奥地利设计师弗·绍贝格尔发明的无烟无火焰爆炸式"绍贝格尔"型发动机驱动。发动机依然只需用水和空气作燃料，本身具有反磁力性能，它借助反磁力漂浮升腾法使飞碟飞行和悬空。这种飞碟上装有 12 台喷气发动机，发动机全部采用"爆炸式"冷却法进行冷却。发动机靠吸入惊人的大量空气使其周围空间形成真空，飞碟便能在这一真空区内不费吹灰之力地任意运动。飞碟驾驶舱的内外性状是根据飞碟的机动性能和飞行速度而改变的。

第三帝国的飞碟3

1945 年 2 月 19 日，"柏罗湟女战神"型飞碟完成了它的首次也是最后一次实验性试飞。无疑，这几种类型的飞碟都已被毁掉，当时研制飞碟的布列斯拉工厂落入苏军手中，研制飞碟的全体工程技术人员下落不明，飞碟的发明者什利维尔、米赫和绍贝

格尔为躲避苏军的俘获而逃往美国。飞碟新能源发动机的发明者绍贝格尔1958年在给他的朋友的一封信中这样写道："'柏罗湟女战神'型飞碟是同几个一级爆炸工程师合作共同研制的,后来他们都被关进了集中营,这对他们来说意味着死亡。根据各方面的情况判断,飞碟的主体样机是按照希特勒的命令毁掉的,因为一些主要负责专家是在二战结束前夕在一所工厂里毁掉这些属于核心机密的尖端飞行器的。"

15. 美国研制飞天车

2008年,美国加州一家名为"莫勒国际"的公司,设计开发出一款革命性飞天车。这款莫勒M400型飞天车,时速360英里,续航能力暂为750英里。这款坐驾的燃料消耗量比越野车陆虎或保时捷还要低,并可靠酒精推动。开发商相信,这款坐驾可定价50万美元左右,因为它使用了相对廉宜的"运高"转子引擎而非喷射引擎。据悉,飞天车也会配备多组引擎和备用降落伞,供在天上故障时应急。但这款坐驾不会在你家门前起飞。虽然这坐驾可以在一个相当于直升机停机坪大小的空间启动,但它要开到机场才能起飞和降落。

莫勒公司声称,这款有四座私人坐驾的设计令任何会驾车的人懂得驾驶,因为司机只须决定它的行走方向和控制速度。

莫勒相信，即使所有人都开这款车飞上天，也不必担心天上会有过分拥挤的问题。该公司一名发言人说："我们认为，空中

美国莫勒M400型飞天车

的交通会分列在不同高度前行。某个高度如果过分拥挤，自然会有人走到另一个高度前行。即使今天路上所有车统统变成飞天车，再利用这套新系统上天，每一辆飞天车也会相隔好一段距离，不管走哪个方向都是。"该公司展望有一套由计算机控制的航空路线网络，会令所有飞天车以相同的速度行走相同的距离。

　　莫勒预期一部全面投入运作的坐驾原型可望在 2012 年问世，而经美国联邦航空局认证的新坐驾可望再过数年面市。

第四章 空中之路

　　人类的空中之路是由英雄试飞员和王牌飞行员的勇气、意志、耐力乃至生命铺就的。

1. 飞越英吉利海峡

　　1909 年，法国勇士布雷里奥驾驶飞机飞越了英吉利海峡，完成了飞机的第一次国际间飞行。

　　布雷里奥，法国早期著名飞行家和飞机设计师，1872 出生于法国康布雷市，1896 年起开始从事航空事业。1905 年，与伏瓦辛合作研制浮筒式滑翔机，但试飞失败。1906 年他又

布雷里奥飞越英吉利海峡

在伏瓦辛的雇用下设计飞机。他先后设计出布雷里奥Ⅲ号和Ⅳ号，但都没有成功。1907 年，他开始自己动手设计单翼布局形式

飞机，几经失败终于取得成功，首次完成了 40 千米的越野飞行。他设计的飞机多次参加航空展览会，取得了不俗的成绩。第一次世界大战期间，还设计了多种军用飞机。

1908 年，为了鼓励航空事业的发展，英国著名的《每日邮报》设立 1000 英镑奖金，奖励第一个飞越英法两国间的英吉利海峡的飞行员，布雷里奥报名试飞。1909 年 7 月 25 日凌晨 4 时 35 分，他驾驶飞机从法国加来起飞，越过海岸沙丘向海面飞去。经过 36 分钟的飞行，他在英国的多佛成功着陆。这次飞行，他驾驶的是布雷里奥 XI 型拉进式单翼机，飞行距离达 41.9 千米。飞越英吉利海峡具有巨大的科学和军事意义，布雷里奥也因此名声大振，成为享誉欧洲的英雄。

2. 横越大西洋

自从载人航空器问世后，从空中飞越大洋就成为富有冒险精神的飞行家们的志向。1913 年，英国《每日邮报》再次悬赏 1 万英镑，奖给第一个驾驶飞机飞越北大西洋的飞行员。此时距飞机问世已有 10 年，却没有飞机完成这一壮举。

1919 年，《每日邮报》宣布悬赏仍然有效。当年 6 月 14 日下午 4 时 13 分，由布朗中尉领航，英国人阿考克上尉驾驶一架威克斯公司制造的维梅飞机从加拿大纽芬兰起飞，于第二天上午

8时40分在英国克里夫登市附近的沼泽地着陆。阿考克和布朗历时16小时27分，航程3032千米，创造了飞越大西洋的纪录，也得到了由邱吉尔颁发的《每日邮报》1万英磅的奖金。

越洋飞机"圣路易斯精神号"

第四章　空中之路

1920年，美国旅馆业大亨奥太格设立25000美元的奖金，奖给第一个驾驶飞机不着陆从纽约飞到巴黎的人。1927年5月27日，美国飞行员林白成功完成这次飞行，时间为33.5小时，航程5810千米。林白驾驶的飞机被命名为"圣路易斯精神号"，是一架为越洋飞行专门设计的飞机。飞机之所以能达到如此长的航程，是由于其机翼和机身都装满了油，简直就是一个飞行油箱。林白在抵达巴黎时受到全城人民的热烈欢迎，得到了那笔巨额奖金，成为世人瞩目的英雄。

美国飞行员林白

1978年，美国人创造了利用气球横越大西洋的纪录。是年8月11日晚，48岁的本·阿

从梦想到现实

利用气球横越大西洋的英雄本·阿布鲁佐

布鲁佐、44 岁的马克西·安德森和 31 岁的拉里·纽曼，驾驶着一只巨大的气球告别了美国缅因州德雷斯克岛市，开始了艰难的航行。气球在平均海拔 6000 米的高空以每小时 30 ~ 40 千米的速度向对岸目标驶去，于 8 月 17 日降落在法国西北部埃夫勒小镇附近的麦田里。期间，气球飞行了 137 小时 6 分钟，行程 5001 千米。这次飞行同时创造了气球航程最远和留空时间最长的两项世界纪录，实现了 100 多年来人类欲乘气球飞越大西洋的梦想。这只气球，名叫"双鹰 2 号"，高 30 米，直径 20 米，充满了 5000 立方米的氦气。此前，人们曾先后进行过 17 次载人气球飞越大西洋的飞行，但都以失败告终，而且有 5 人还为此献出了生命。人们并没有因此放弃气球飞越大西洋的

美国空军上校基汀格

希望。

1984 年 9 月 14 ~ 18 日，美国空军上校基汀格乘坐名为"罗西·奥格拉底"的氦气球飞越了北大西洋，成为世界上第一个独自乘气球飞越北大西洋的人。他从美国缅因州卡里布起飞，至意大利北部的萨沃着陆，飞行距离为 5689 千米。

3. 不着陆飞越太平洋

1931 年 10 月 3 日，美国飞行员克莱德·潘伯恩和休·赫恩登驾驶"维多尔小姐"客机，从日本的林代海滩起飞，于 5 日达到华盛顿州的维奈特奇，全程不着陆飞越 7334 千米，飞行时间 41 小时 13 分钟。

"维多尔小姐"客机

从梦想到现实

美国飞行员克莱德·潘伯恩和休·赫恩登

此前 1928 年 5 月 31 日至 6 月 9 日，澳大利亚人史密斯和厄尔姆以及美国人莱昂和沃纳驾驶"南十字星座号"飞机，从美国旧金山起飞，途经檀香山、斐济，最后到达澳大利亚的布里斯班，实现了第一次不着陆飞越太平洋的纪录。

4. 向两极上空进发

在飞越大洋的同时，飞行员们也开始向地球两极上空进发。

1926 年 5 月，美国海军中校伯德乘坐名为"约瑟芬·福特"的福克－Ⅲ发动机飞机准备飞越北极，飞机驾驶员是贝奈

飞越北极的福克－Ⅲ发动机飞机

特。5 月 9 日清晨 1 时，伯德从位于斯匹兹堡根的金斯湾出发。9 时 2 分到达北极上空，在北极上空盘旋了约 15 分钟，测定了飞机的确位于北极上空，调头返航。下午 4 时 30 分回到金斯湾，往返共飞行了 2575 千米。两天后（即 5 月 11 日），阿蒙德森乘飞艇也穿越了北极上空。

伯德返回美国后立刻着手征服南极的飞行计划，但此时贝奈特逝世了。1929 年 11 月 28 日下午 4 时，伯德和其他三名乘员乘坐"贝奈特号"福克 - Ⅲ 发动机飞机从基地起飞。飞机接近莫德王

海军中校伯德的墓地

后山区时不能爬升到足够的高度，唯一的办法就是把机上携带的食物抛下以减轻飞机重量。但如果飞机发生故障迫降，这些食物是机组人员维持生命的唯一依靠。伯德毅然下令抛下食物，飞机高度开始增加。大约在距起飞时间 10 小时左右，他们来到南极上空。伯德下令抛下准备好的美国国旗和贝奈特坟上取来的石块，然后返航。飞机最后安全返回基地，整个飞行时间 19 小时。这样，伯德成为第一个飞越南极的人。

从梦想到现实

5. 征服世界屋脊

开辟"驼峰航线"的B-24

1942 年初，美国陆军第 10 航空队在印度组建，为二战期间规模最小、最默默无闻的美国陆军作战部队之一，其任务是保护从印度到中国的后勤生命线。当年 10 月，该航空队出动 5 架 B - 24 轰炸机从印度北部飞越珠穆朗玛峰远程奔袭 1760 千米，大胆深入敌后，对日军在华北占据的一个重要煤矿实施了奇袭，并由此开辟了著名的"驼峰航线"。

这条重要的空中通道，始于 1942 年，终于二战结束。它西起印度阿萨姆邦，向东横跨喜马拉雅山脉、高黎贡山、横断山、萨尔温江、怒江、澜沧江、金沙江，进入中国的云南高原和四川省。航线全长 400 英里，地势海拔均在 4500～5500 米上下，最高海拔达 7000 米，山峰起伏连绵，犹如骆驼的峰背，故而得名"驼峰航线"。据战后美国官方的数据：美国空军在持续三年零一个月的援华空运中，为中国空运各类战争物资 65 万吨。美国空军在"驼峰航线"上一共损失飞机 468 架，平均每月达 13 架；

牺牲和失踪飞行员和机组人员共计 1579 人。

1991 年 10 月 21 日，两只巨大的热气球成功地飘越珠穆朗玛峰，实现了人类首次热气球飘越世界最高峰的壮举。这次飞行的两只热气球一大一小，大的名为"喜马拉雅挑战之星"，体积为 6792 立方米，小的作为摄影辅助球，体积仅为前者的 1/4。大的气球首先起飞，由

乘热气球飞越珠峰的安迪·埃尔森

澳大利亚人克里斯·都赫斯特担任飞行员，随行的是英国著名摄影师里欧·狄金森。小的气球由美国人安迪·埃尔森担任飞行员，英国人埃里克·琼斯担任摄影师。两只气球大约在 11000 米的高度飞越了珠峰，并拍摄下了壮观的景象。此次飞越珠峰，两只热气球分别飞行了 95 千米和 105 千米，飞行时间约 1 小时 40 分钟。

6. 环球飞行的壮举

按照国际航空联合会的规定，环球飞行必须通过地球上正好

相反的两点，其最短距离为 39999.337 千米，或者飞行超过北回归线、南回归线的长度，即超过 36779.735 千米。世界上首次环球飞行是在 1924 年，由史密斯等人完成。

首次环球飞行的"世界巡航者"飞机

1924 年，美国陆军航空部制订了环球飞行的计划，采用道格拉斯公司生产的"世界巡航者"飞机。飞机共 4 架，分别命名为"西雅图号"、"新奥尔良号"、"波士顿号"和"芝加哥号"。领队马丁少校驾驶 1 号机"西雅图号"；史密斯中尉驾驶 2 号机"芝加哥号"；韦德中尉驾驶 3 号机"波士顿号"；尼尔森中尉驾驶 4 号机"新奥尔良号"。

1924 年 3 月 17 日，飞机自洛杉矶起飞，但途中迫降 3 次，4 架飞机停在西雅图维修。4 月 6 日清晨，飞机从西雅图起飞。4 月 10 日，"西雅图号"撞山坠毁，马丁和空中机械师虽然幸免于难，飞行却无法继续了。而史密斯中尉率领剩下的 3 架飞机途经冰岛时，韦德中尉驾驶的"波士顿号"因发动机故障迫降在海面上，韦德中尉等两人虽获救，但飞机因损坏无法再次起飞。

9 月 6 日，剩下的两架飞机到达华盛顿，受到美国总统柯立芝的欢迎。9 月 28 日，飞机回到此次环球飞行的起点——洛杉

矶。这次环球飞行总计6个月零6天，总飞行时间371小时，航程45000千米，途经日本、中国香港、越南、马来西亚、缅甸、印度、波斯、美索不达米亚、土耳其、罗马尼亚、匈牙利、奥地利、法国、英国、冰岛和格凌兰等地，最后回到美国。这次环球飞行是人类飞行史上的一次壮举，对后期军用飞机和商用飞机的制造和发展，具有重要启示作用。

首次不着陆环球飞行使用的波音B-50号飞机

世界上第一次不着陆环球飞行，是由美国空军飞行员詹姆斯·加拉格尔在1949年完成的。当年2月26日，加拉格尔驾驶一架美国空军的波音B－50"幸运女士号"飞机，从美国得克萨斯州的卡斯威尔空军基地起飞。3月2日，他回到了起点，用时94小时1分，航程为37742千米，途中进行了四次空中加油。

冰封的南极大陆

而美国飞行员埃尔金·M·朗，是世界上第一个独自跨越南北极完成环球飞行的人。1971年11月5日，44岁的埃尔金·M·朗，单独驾驶一架名为

第四章　空中之路

"皮帕尔纳维久"的飞机起飞。12月3日，在克服了重重困难后，他完成了跨越北极和南极的环球飞行，耗时215小时，飞行距离69596千米。当他飞至南极上空时，机舱内的气温曾下降到零下40多度。

7. 直升机首次环球飞行

直升机的首次环球飞行，是由美国人罗斯·佩鲁特和杰伊·科伯恩完成的。1982年9月1日，他们驾驶一架名为"得克萨斯

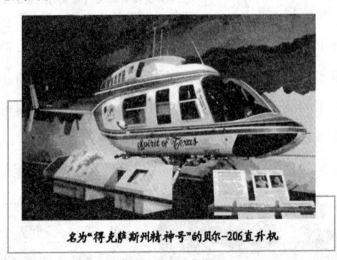

名为"得克萨斯州精神号"的贝尔-206直升机

州精神号"的直升机，从得克萨斯州的达拉斯起飞。该直升机的型号是贝尔-206"远程突击队员"。9月30日，他们完成环球飞行回到了达拉斯，并且创造了国际航空联合会承认的直升机首次环球飞行世界纪录。

世界上首次单人驾驶直升机进行环球飞行，也是在这一时期完成的。1982 年 8 月 5 日，澳大利亚人迪克·史密斯驾驶同一型号的贝尔直升机从美国得克萨斯州的沃思堡起飞，并于 1983 年 7 月 22 日返回原地，飞行距离为 56765 千米。

8. 单人热气球环球旅行

2008 年 7 月 2 日，58 岁的美国冒险家、百万富翁史蒂夫·福塞特成功完成了其单人乘气球的环球旅行，并因此成为世界上首位"单人热气球环球旅行家"。

史蒂夫·福塞特的"自由精神号气球"

这是福塞特第 6 次进行热气球环球旅行，前几次尝试都因种种原因以失败而告终。在本次航行中，福塞特燃料和氧气充足，且飞行路线安全，加上天气状况非常"帮忙"，都让这位乘坐"自由精神号气球"从澳大利亚出发的执着探险家最终实现了自己多年的宿愿。最后几天，在强风的吹动下，气球有时候竟然能以类似赛车般的 300 多千米时速飞行。2 日晚上 9 点 40 分左右，在他本次环球旅行的第 13 天时，经过了此次飞行的起点——东

从梦想到现实

美国冒险家、百万富翁史蒂夫·福塞特

经 117 度线，这标志着他已成功完成环球旅行。福塞特通过卫星电话对地面控制人员表示，这是一个"非常精彩的时刻"。3 日天亮后，气球在澳大利亚人口稀少的内陆地区降落。

后来的两周时间内，福塞特生活在一个 7 英尺长、5.5 英尺宽和 5.5 英尺高的气球吊篮内，其食品为军用压缩干粮，并用一个小筒充当厕所。6 月 30 日，福塞特打破了自己保持四年之久的单人乘热气球航行距离之最，这是他在上次失败的环球飞行中创造的。当时，气球在阿根廷坠海。

到 2008 年为止，福塞特保持着单人气球、航海和航空三项世界纪录。他曾经于 1985 年横渡了英吉利海峡。

9. 飞得最快、最高的飞机

飞得最快的活塞式动力飞机，是美国北美航空公司 1940 年研制出的 P – 51 "野马"式战斗机。它采用了先进的机身和翼型，气动阻力大大减小。它的改进型 P-51D 的最大速度曾达到 785 千米/小时。二战期间，德国飞机设计师道尼尔研制出 Do-335 "箭"式战斗机，其最高时速也达到了 785 千米/小时。但由于只生产了 20 多架，所以这种飞机未能发挥多大作用。

法国"幻影"Ⅳ超音速战略轰炸机

20 世纪 70 年代以前飞得最快的轰炸机，是美国的 XB-70 "瓦尔基里"试验型战略轰炸机。1965 年 10 月 14 日，它在飞行中曾达到 3 倍音速的巡航速度，高度为 21500 米。此

美国的XB-70"瓦尔基里"试验型战略轰炸机

美国可变后掠翼轰炸机FB-111A

从梦想到现实

前的纪录保持者为法国的"幻影"Ⅳ超音速战略轰炸机，其速度可达2.2马赫。作为法国第一代核武器运载飞机，该机主要用于投放核弹，进行战略核攻击任务。同期的美国可变后掠翼轰炸机FB－111A，最大速度也可达2.2马赫。

SR-71"黑鸟"型高空高速战略侦察机

随后，美国空军SR－71"黑鸟"型高空高速战略侦察机刷新了上述纪录，在24000米高度的最大平飞速度达到3.2马赫。它比现有绝大多数战斗机和防空导弹都要飞得高、飞得快，因此没有被击落的纪录。在以色列上空侦察以色列核设施时，以军F－4战斗机向它发射了ATM－9"响尾蛇"空空导弹，但是导弹飞行速度比SR－71慢。SR－71侦察机采用无平尾的三角翼布局，机体采用钛合金材料，机内装有先进的侦察系统和雷达。由于SR－71的飞行高度和速度都超出人体可承受的范围，因此飞行员必须穿着全密封的飞行服。SR－71曾在20世纪80年代末退役，但在海湾战争中部分SR－71曾重新服役。

世界上飞得最高的飞机是美国的X－15A试验机。它是北美航空公司研制的以火箭为动力的高空高速试验机，装有一台火箭发动机，涂有可耐1648摄氏度高温的材料。1961年3月30日，

美国航空航天局的试飞员沃尔克驾驶该机飞到了 51695 米的高度。1962 年 7 月 17 日，

美国的X-15A试验机

他又飞到 95936 米高度，被世界航空组织正式批准为世界绝对纪录。他由此成为世界第一位"驾驶飞机的宇航员"（美国航空航天局规定：超过 8 万米飞行高度便可称为宇航员）。1963 年 8 月 22 日，他在爱德华兹空军基地上空，再次飞到了 10.8 万米的高度。这一高度至今尚无人打破。而用于实战的升限最高的飞机大概就是俄罗斯的米格－25，其最大升限为 28000 米。

2008 年 3 月 27 日，美国国家航空航天局成功试飞了 X－43A

X-43A试验型无人驾驶超音速喷气飞机

试验型无人驾驶超音速冲压式喷气飞机，它的最高设计时速达到 10 马赫，也就是 10 倍音速。在当天的试验中，X－43A 飞机搭载在一架经改装的 B－52 轰炸机机翼下，由加州爱德华兹空军基地起飞。在 B

第四章 空中之路

从梦想到现实

－52 飞机到达预定高度后，X－43A 被附设的火箭助推器推射出去，并自行飞行了 10 秒，以每小时约 8000 千米（相当于 7 倍音速的速度），创造了喷气飞机速度的世界新纪录。该机长 3.6 米，重约 1300 千克，外形为楔形，以氢为燃料，吸收高空稀薄大气中的氧气助燃。此前已经过 20 余年的研究和试验，耗费了 2 亿 5 千万美元。

10. 飞行时间最长的飞机

美国塞斯纳172型飞机

航空史上最长的连续飞行时间纪录为 64 天 22 小时 19 分 5 秒，它是由美国人罗伯特·蒂姆和约翰·库克创造的。美国塞斯纳 172 型飞机。

1958 年 12 月 4 日下午 3 时 53 分，他们驾驶一架塞斯纳 172 型"大庄园号"飞机从内华达州拉斯维加斯的麦卡兰机场起飞，1959 年 2 月 7 日下午 2 时 12 分又在这一机场着陆。飞行过程中，飞机通过不断的空中加油而保持不着陆，他们连续飞行的距离足可以环绕地球 6 圈。不加油续航时间的纪录是 84 小时 32 分钟，是由美国的沃尔特·E·

里斯和弗雷德里克·A·布罗西于1931年5月25日至28日创造的。他们驾驶的是一架"贝兰卡"单翼机。

"贝兰卡"单翼机

11. 飞得最快最高最远的直升机

俄罗斯的卡-52"短吻鳄"

飞得最快的直升机是美国西科斯基公司S-67型直升机。1970年12月14日，飞行员库哥特·坎农驾驶S-67型直升机，创造了飞行速度355.49千米/小时的世界纪录。而俄罗斯的卡-52"短吻鳄"时速为310千米，AH-64"长弓阿帕奇"是293千米/小时。

飞得最高的直升机是法国的SA-3158型"美洲

从梦想到现实

鸵"直升机。1972 年 6 月 21 日，飞行员吉恩·鲍莱特驾驶"美洲鸵"，创造了飞行高度达 1.2442 万米的世界纪录。

　　飞得最远的直升机是美国的 OH－6 型直升机。1966 年 4 月 6～7 日，该机由飞行员费瑞驾驶，创造了直线航程 3561.55 千米的世界纪录。

AH-64"长弓阿怕奇"

美国的OH-6型直升机

12. 最大的军用运输机

前苏联的安-225战略运输机

　　世界上最大的运输机，是苏联安东诺夫设计局研制的安－225 战略运输机。1988 年 12 月 21 日原型机首飞。安－225 是在安－124 基础上研制的，很多地方和安－124 相似，飞机总重和载重能力

都增加了 50%。安－225 机长 84 米，机高 18 米，翼展 88.4 米，最大起飞重量为 600 吨，最大运载量为 250 吨。安－225 的货舱内可装 16 个集装箱，主要用于大型设备和部件的运输，还可作

美国最大的军用运输机 C－5 "银河"

为空中火箭发射平台。1989 年 5 月 13 日安－225 首次背带 "暴风雪号" 航天飞机飞行。安－225 只生产了 1 架。

而美国最大的军用运输机是 C－5 "银河"。该机于 1968 年 6 月试飞成功，机长 75.4 米，机高 20 米，翼展 67.88 米，最大起飞重量 349 吨，最大载重 120 吨。

13. 载客量最大的飞机

欧洲空中客车公司研制的 A380

世界上载客量最大的飞机是欧洲空中客车公司研制的 A380，全机最高载客量为 840 人，舒适载客量为 555 人。A380 于 2005 年 1 月 18 日正式诞生，同

人类的飞翔

Ren Lei De Fei Xiang

从梦想到现实

波音747

年 4 月 27 日首次试飞成功。它的翼展 79.8 米，机长 73 米，机高 24.1 米，相当于 8 层楼的高度。A380 的机舱空间十分宽敞，可以设置美容院、图书馆、体育馆以及娱乐所等。空客公司为研制这个"空中巨无霸"，花费了 10 年时间，投资超过了 120 亿美元。

此前，载客最多的客机是美国的波音 747。它的 220B 型在 1974 年 12 月 29 日曾创造过一次载客量 674 人的纪录。

14. 最大容积的飞机

A300 – 600ST 超级运输机，在目前全球所有的机型中不论是民用还是军用飞机）拥有容积最大的货舱，是超大型货物空运的唯一选择。

绰号为"大白鲸"的 A300 – 600ST 是基于空中客车独特的、高度自动化的综合装配流程，专门设计用来取代波音 377 大型运输机的超大型运输机。自 1996 年 1 月开始服役以来，产自欧洲各地的所有空客飞机部件都由这种飞机运送到法国图卢兹或德国汉堡的总装厂，其宽敞的货舱可以装载 A340 的整个机翼等其他

— 108 —

超大型货物。

"大白鲸"是在双发宽体客机 A300 - 600R 的基础上制造而成，由通用电气公司的 CF6 - 80C2 发动机提供动力。其主货舱容积比洛克希德的"银河"、AN - 124 或巨型 C - 17 军用货机还要大，其 1400 立方米的货舱中最多可以装载 47 吨，不经停飞行 1660 千米/900 海里。它还能在搭载 31 吨货物的情况下飞越大西洋。

绰号为"大白鲸"的A300-600ST超级运输机

目前，空中客车公司通过其子公司——空中客车运输国际公司（ATI）运营着一支由 5 架 A300 - 600ST 飞机组成的机队，并以包机的形式向第三方提供服务。由于其无可匹敌的巨型体积，"大白鲸"一直服务于航空航天、军事和其他超大型货运市场，运送各种各样的货物，范围包括空间站部件、直升机到价值连城的艺术品，其中有一次是将一幅闻名遐迩的巨型油画由巴黎运往东京，然后再原路返回。1997 年 6 月，A300 - 600ST 运送了一个 6.5 *

17.6 米、重达 39 吨的钢罐，创下了空运最大货物的世界纪录。

"大白鲸"曾三次访问北京，1998 年先后两次为中国华欧航空培训及支援中心运送 A320 系列和 A330/A340 系列飞行模拟机。1998 年中国部分地区遭受特大水灾时，空中巴士公司又派遣该运输机无偿将一批法国的水净化处理设备运抵北京，为灾区提供人道主义援助。

2003 年 2 月，"大白鲸"完成了有史以来最长的包机飞行——由法国马赛飞往澳大利亚墨尔本附近的阿瓦隆航空展，历经 25 小时的飞行（加上中途逗留），将欧洲直升机公司的三架直升机运抵目的地。2004 年它又三次飞往俄罗斯历史上的发射基地，运送三颗人造卫星。其他空运任务还包括 2004 年 9 月份将法国军用卫星太阳神 2 号由图卢兹运往法属圭亚那，以及将两架 SAR 海王直升机由欧洲运往东非。

第五章 飞行改变世界

随着各种实用飞行器相继问世和人类飞行活动范围的不断扩大，飞行已经深刻改变了人类的出行方式和思维方式。它改变了战争、交通、科技、农业，甚至是人类的休闲娱乐。

1. 飞行改变战争形态

早在飞机发明之前，就有人提出航空军事思想，预言飞行器在军事中的重要作用。飞机诞生后，人们开始探讨飞机的用途。英国人卡伯在 1911 年发表题为《战争中的飞机》的论文，提出飞机的军事应用包括空中侦察、空中轰炸、攻击敌人飞机和飞艇、利用机上武器直接攻击地面部队、快速运送指挥官等。他讨论了飞机在战争中的具体运用以及飞机投入作战的威力，指出和平时期就要加强飞行员和指挥官的配合演练。同是英国人的兰开斯特也明确提出把航空兵作为第四种武装力量，以及航空兵与海、陆军协同配合作战问题。

在航空军事思想发展的同时，不少人开始进行飞机的作战演

从梦想到现实

飞机首用于意土战争

练。1910 年 6 月，美国人寇蒂斯进行了空投假炸弹试验；8 月，费克尔首次进行了空中来复枪射击试验。次年，克里斯和帕默利在旧金山在一架莱特式飞机上进行了活性炸弹空投试验。意大利圭多尼在自己设计的飞机上首次进行空中发射鱼雷的试验。早期的飞机作战试验千奇百怪，空投的武器除炸弹外，还有手榴弹、铁器甚至标枪等。此外，还有人进行了空中侦察试验和空中与地面的无线电通信试验。这些早期的作战演练，不久在战争中成为现实。

飞机在战场上的首次使用，是在一战爆发前的意大利—土耳其战争中。战争爆发于 1912 年 9 月。当时，土耳其人还没有飞机，意大利却拥有 20 余架军用飞机。意大利陆军动员 9 架飞机、11 名飞行员组成航空队参战。10 月 23 日，队长皮亚扎上尉驾驶布雷里奥式飞机飞往特黎波里与阿齐齐亚之间的土耳其阵地进行了 1 小时的侦察，揭开了飞机空中侦察的序幕。11 月 1 日，加奥蒂少尉驾驶"鸽"式单翼机在北非塔吉拉绿洲和艾因扎拉地区，向敌军阵地投下了 4 颗 2 千克重的手榴弹，开创了历史上首次飞机空中轰炸的先例。1913 年，意军加大了飞机的使用力度。1 月

10日，意大利飞机投下了数千张传单，规劝当地的阿拉伯人投降，成为了人类战争史上第一次使用飞机进行的心理战。5月，意军向战区增调了35架飞机。6月11日凌晨，意大利陆军第2航空队的马连戈上尉在夜航中，向土耳其军营空投了数枚炸弹，从而开创了飞机第一次夜间轰炸的先例。意土战争中飞机的应用尽管很有限，作战方式很原始，但却都是飞机在军事上的首次运用，创造了许多第一，更为军事航空战略技术的发展指明了方向。

第一次世界大战中，飞机被更多派上用场。先是用于侦察，为陆军部队作耳目；继而装上机枪，专门进行空中格斗；后来又带上炸弹，去轰炸敌方的地面阵

一战后期英国使用的支柱式战斗机

地；此外，有的飞机专门执行对地面部队攻击的任务。在大战的硝烟中，诞生了一群"铁鸟"——侦察机、战斗机、轰炸机、强击机和教练机。飞机逐渐成为战争中必不可少的武器。大战初期，参战各国约有飞机1500架，而到战争末期，各国在前线作战的军用机达到8000多架。4年中，交战双方用于作战的飞机有十几万架之多，说"战争是军用机的催生者"一点儿也不过分。

人类的飞翔
Ren Lei De Fei Xiang

从梦想到现实

英国的汉德莱佩季 V/1500

飞机的性能在战争中得到了很大的提高。如速度在 1914 年时一般是每小时 80～115 千米，4 年后增至 180～220 千米；飞行高度从 200 多米提高到 8000 米；飞行距离从几十千米增大到 400 多千米。大战初期飞机的重量只有几百千克，到大战后期，有的战略轰炸机如英国的汉德莱佩季 V/1500，总重约 13600 千克，最多可装弹 3400 千克。

从战场形势上来看，有几次战役已集中采用使用航空兵进行空战和以轰炸机场等方式争夺制空权。大战后期，战斗机机种已经形成并且地位越来越高，这对争夺制空权和为轰炸扫清障碍发挥了重要作用。一些军事家开始注意到制空权的重要性。如英国的空军之父特伦查德对制空权有过多次论述，并在战争中加以运用。他认为，为保证战略轰炸的实施，战斗机机队应不惜一切代价夺取制空权，失去制空权就意味着失去战争。美国人米切尔在战后出版的《空中国防论》等著作中系统论述了航空兵作战、航空母舰、防空等战略和战

美国空军理论家米切尔(右)

术问题，明确指出："没有制空权就没有制海权"。意大利军事家杜黑提出了更完整的制空权理论，他认为，空中战场是决定性的战场，空中战役是一种客观趋势，为此必须建立

世界上第一支独立空军——英国皇家空军

独立空军。一战结束后的二三十年代，各主要航空大国普遍接受了制空权理论和独立空军的思想，加拿大、意大利、法国、德国、西班牙等国在这一时期先后建立了独立空军。

德国的梅塞施米特Me-262

1939 年至 1945 年进行的第二次世界大战，飞机更是大显威力。在战争的迫切需求下，飞机产生了第二次飞跃，第一方面体现在技术的进步上主要表现在两方面。一是活塞发动机飞机的性能发展到巅峰状态，当时优秀战斗机的时速为 600 ~ 700 千米，最大飞行高度超过 10000 米，装有 2 到 4 门 20 ~ 23毫米的机关炮或6 到 8 挺12.7 毫米的机枪。二是喷气式飞机开始登上战争的舞台，并从此一统军用飞机的天下。喷气发动机和喷气飞机的出现则是二次大战中航空科技的一项伟大成就。真正参战的首批喷气式飞机，主要是德国的梅塞施米特 Me -

262，它的时速为 850 千米，超过当时英美飞机时速约 160 千米，在速度上占有很大优势。但由于德国统帅部决断错误，只把它作为轰炸机使用，加之数量少，参战晚，所以未对战局产生重大影响。

1941年突袭珍珠港，日本几乎摧毁美太平洋舰队主力

这些技术的进步使空中力量在战争中的作用越来越显著，甚至可以在一定程度上决定整个战局的进程。战争伊始，德国和日本法西斯就充分利用了飞机在速度和火力上的优势，一举夺得了战争的主动权。德国人利用 2000 多架飞机以及相当数量的坦克和大炮，短时间内击败波兰、法国等国，战火燃遍半个欧洲，只有在顽强的英国人面前才陷于苦战；在浩瀚的太平洋战场，飞机的威力更是尽显无遗，1941 年 12 月 8 日，日本利用 6 艘航母载着 360 架飞机，对美军太平洋最大的海军基地珍珠港发动了突袭，两个小时内击沉美军战列舰、巡洋舰和驱逐舰共 24 艘，几乎摧毁了美太平洋舰队的主力。1942 年 6 月 4 日，日美双方在中途岛附近的太平洋面，打了一场有史以来规模最大的海空战役。双方出动了多达 11 艘航空母舰，逾千架飞机，交战结果为日军损失 4 艘航母和 234 架飞机，美国仅损

失 1 艘航母和 147 架飞机，中途岛海战成为太平洋战争的转折点。

　　飞机在二次大战中飞跃发展的第二方面体现在飞机的数量和航空工业的发展上。从 1939～1945 年，仅英美两国生产的各式飞机就多达 441729 架，其中美国生产了 322250 架，居各国的首位。飞机数量的增多，反映了航空工业生产能力有巨大的增长。二次大战飞机的剧增，也促使空军迅速发展，成为不可缺少的独立军种。如美国在战争结束后两年，即 1947 年 9 月 18 日建立了独立的空军，拥有飞机总数多达 113906 架（作战飞机 69993 架）。

　　二次大战结束后的 40 余年，虽然世界性的大战再未爆发，但局部战争从未间断。从朝鲜战争、越南战争、几次中东战争以及两伊战争、英阿战争、美利冲突、海湾战争等，飞机都扮演了重要的角色。遍布世界各地用途各异的 60000 多架军用飞机，都似箭在弦上，成为发生各种局部战争和突发事件的一个重要因素。

1999年,B-2对南联盟科索沃实施地毯式轰炸

　　飞机问世后 100 多年

从梦想到现实

的历史表明：战争和军界上的需要是其发展的主要动力，而飞机的发展又影响和促进了作战方式的变化，进而使整个现代战争的形态变得不同以往。

2. 民航运输大发展

民用航空运输是以飞机作为运输工具，以民用为宗旨，以航空港为基地，通过一定的空中航线运送旅客和货物的运输方式。它是国家和地区交通运输系统的有机组成部分。其突出优点是运输速度快，航线直，不受地面地形的影响，可承担长距离的客货运输；但运载量小，燃料费用高，运输成本贵，易受气候条件影响。民用航空运输在国际交往和国内长距离客运中起着非常重要的作用。

德国飞艇航线上的齐伯林LZ10号飞艇

早在一战以前，欧洲已经有了若干民用航空飞行的试验。如在 1910 年和 1911 年，英国、法国、意大利先后进行了航空邮递运输的试验；

1910 年 6 月，德国首次用硬式飞艇开辟客运航线；1911 年 7 月，

英国飞行员进行了第一次航空货运飞行；1914 年 1 月，美国东南部佛罗里达州开辟了定期商业客运航线。

一战的爆发使得大部分民用航空飞行都被迫停下来，各国的航空技术力量都集中起来为战争服务。战争结束后，军事需求的锐减则迫使航空工业向民用方面寻找出路，在和平时期扶助民用航空事业实际上是保持和发展航空工业实力的一个重要策略。所以，战后不久，德国、法国、英国、意大利等欧洲国家纷纷发展起自己的民航事业，民用航空得到了第一次长足发展。欧洲各主要城市间都建立了航空运输线，一个遍布欧洲的航线网得以形成。

20 世纪 20 年代末，美国的民航运输业也迅速发展，并逐渐超过了欧洲。据统计，1926 年美国有 5800 人次搭过飞机，1930 年这一数字达到 417000 人次。

二次大战结束，民用航空运输再次兴旺发达。喷气机的投入使用带来民航技术的跃升，不仅使民航飞机的速度提高，而且使飞行高度跨举到平流层，提升了安全性和舒适性。1946 年，全球一年空运旅客达 1800 万人次。20 世纪 60 年代中后期，民航客机从最初只能载客 4

航海家麦哲伦

从梦想到现实

~10 人发展到 400 ~ 500 人，速度从最初每小时几十千米提高到 2000 多千米。

到 20 世纪末，全球每年航空旅客约 16 亿人次，民航定期航线失事率也大幅降低。

"协和"式客机

经过百年的长足发展，飞机已全盘改写了人类交通的风貌和生活方式。想当年，1519 年，麦哲伦驾驶帆船绕地球一周花了 3 年时间；1929 年齐伯林乘飞艇环球飞行用时 21 天 7 小时；1976 年一架波音 747SP 客机从纽约出发，只用了 1 天 22 小时 26 分就完成了一次环球飞行；1992 年 10 月，为纪念哥伦布发现新大陆 500 周年，一批欧洲有钱人乘"协和"式客机进行环球飞行，全程则只用了 32 小时 49 分，中间落地加油 6 次，实际飞行时间只有 23 小时 27 分钟，可以称得上是"天涯若比邻"。

展望未来，为满足空中运输的需求，民航客机势将运用各项先进的关键技术，配合新一代的空中导航、通讯、监视系统及场站设施，持续向有效、经济、环保、安全的方向迈进，民航整体发展仍然方兴未艾。

3. 科考和探险变得便利

　　飞行器的研制和飞行技术的不断成熟，使人们可以做到很多以前不易完成的工作。比如空中摄影，可以达到地面摄影所意想不到的效果。1839年，法国人发明了世界上第一架木质照相机。1858年，法国人菲里克斯·图尔纳孔完成了世界上第一次空中摄影。他想拍摄一张巴黎全景的照片，但是苦于找不到

菲里克斯·图尔纳孔完成了世界上第一次空中摄影

拍摄的方法。最终，他从小孩子玩的气球中得到启发。于是，他租用了一只系留气球，自己乘坐气球从空中拍摄到了巴黎的全景照片。此后，空中摄影早已扩展到飞机和卫星上，经济价值也越来越大，如森林调查、气象观测等。而与观察高度有极大关系的航空测量，也因为飞行技术的稳定和飞行高度的提升而得到发展。

　　此外，飞行工具的便捷，也使得一个植物学家不再需要坐几

个月的船后，才能够登陆太平洋上的小岛，去采集所需的新鲜植物标本。此外，最受惠的还有极地科考人员，他们也不用再经历漫长的航期和西风的困扰，就能够到达目的地。去南极的科技人员，通常会先乘飞机到达美洲大陆的最南端，然后从那里转机飞往科考站。而南极科考站的配给物资，通常也经此配送。

4. 空中救援，神兵火速

影片《随时候命》海报

空中救援队在万里蓝天为被困民众搭起了一条绿色生命通道。2005年，由郑伊健、林保怡、佘诗曼等主演的香港影片《随时候命》（SEMPER PARATUS），展示了政府飞行服务队（GFS）"随时候命"，奋不顾身，竭诚为市民服务的精神。

2003年，中国第一支海上救助飞行队成立，配备有9架直升机。2007年，中国进口欧洲2架EC225大型救助直升机，以增强沿海的空中救援力量。截至2008年，中国空中救援队配备有世界上最先进的EC120、EC135警用直升机，以及红外热成像仪等设备，全天候处置突发性暴力犯罪、恐怖活

动、追缉重大逃犯，从事空中警戒、抢险救灾和公务飞行任务等。据介绍，EC120 直升机是由中国、法国和新加坡三国联合研制生产的单发 5 座轻型直升机。它是一种军、警、民通用的多用途的直升机，可广泛应用于城市治安巡逻、交通监管、防暴缉私、追捕和医疗救护等领域。

EC120救助直升机

2008 年 5 月 12 日，四川汶川发生 8 级大地震，交通、通讯断绝，数十万人生命攸关。紧急时刻，中国空军出动近 50 架运输机，滚动飞行近 300 架次，在从 12 日 20 时到 15 日 20 时的 72

四川汶川大地震中的空中救援力量

个小时内，将近 1．3 万名军地救灾人员空运至灾区进行救灾，同时运送物资 350 余吨。此外，空军和民航系统先后投入 110 多架直升机，参与执行紧急救助伤员和运送急需物资的

任务。为中国空军史上同时出动飞机最多、飞行强度最大、反应速度最快的非作战空中救援行动。

从梦想到现实

5. 飞机参与农林作业

飞机喷洒农药

现代农林飞机已经广泛用于喷洒农药。当农作物或森林出现大面积病虫害时，采用人工喷洒农药的方法则显得杯水车薪、效率低下。采用飞机喷洒农药，最大的好处就是速度快，可以大大节省人力。世界上第一次用飞机喷洒农药的试验是 1922 年 7 月由苏联鲍尔德烈夫教授组织的。这次试验是在苏联农业科学院的试验田里进行的，达到了预期目的。现代社会，飞机喷洒农药已经成为一种普遍的现象。

而飞播造林是人工造林的重要方式之一，不仅速度快、省劳力、投入少、成本低，而且能够深入交通不便的偏远山区、沙区或人力难以企及的地方进行播种造

飞播造林

—— 124 ——

林，拓宽了造林绿化的地类。中国用飞机播种造林始于 1956 年。到 2007 年前后，全国二十六个省（区、市）的九百三十一个县（旗、市、区）开展了飞播造林，占人工造林保存面积的四分之一。继在云贵高原的高海拔地区飞播造林成功后，又先后在华北的石质山地，西北的黄土高原、腾格里沙漠等进行了飞播造林。

6. 世界三大航展

随着飞机技术的不断成熟，各种飞机设计、制造、试验和商业应用的竞赛、展览活动纷纷兴起，航空发展进入了一个新阶段。其标志之一便是航空展览会规模的不断扩大。

世界上第一次大型航空博览会 1909 年在法国兰斯举行。会上设立了飞行速度、飞行距离和续航时间三项大奖。当时所有著名飞机设计师和飞行家，都把他们

法国兰斯

制造的飞机带到这个城市来参加展览和竞赛。参加这次展览会的共有 38 架各种飞机，其中的 23 架共进行了 120 次飞行。出色的飞行表演和竞赛，引来了大约 50 万观众的参观。兰斯航空展览

从梦想到现实

会历时 8 天，影响深远，取得的经验迅速传到其他国家。此后，英国、美国、德国相继举办了类似的航空展览会，通过相互交流和竞技，促进了飞机性能和技术水平的提高。

巴黎航展

进入 20 世纪下半叶，巴黎航展、范堡罗航展、新加坡航展成为最具影响力的世界三大航展。

巴黎航展的正式名称为"巴黎—布尔歇国际航空航天展览会"，是世界上规模最大、最负盛名的国际航空航天展览会。组织者是法国航空航天工业协会（1985 年以前称为法国航空工业企业联合会），两年举办一次，在单数年的初夏举行，会场设在巴黎东北的布尔歇机场。第一届航展于 1909 年 9 月 25 日开幕，随后每年举行一次。在第一次和第二次世界大战期间，巴黎航展被迫中断。但由于战争促使了航空工业的高速发展，战后航展迅速恢

范堡罗航展

复了举办。1919 年第 6 届以后重又改为每两年一次，是世界上历史最悠久的航空航天盛会。2005 年第 46 届巴黎航展，有来自 41

个国家的 1900 多家航空航天企业参展。

范堡罗航展的全称是"范堡罗国际航空航天展览会",是规模和知名度仅次于巴黎航展的世界第二大航展,组织者为英国航空航天公司协会,展览会场范堡罗是位于伦敦西南的一个小镇。英国最早的航展可以追溯到 1920 年开始的一系列称为航空"庆典"的活动,人们在庆典上进行一些飞行表演。1948 年航展移到范堡罗举行,以后每年举行一次,1962 年以后航展改为每两年一次。1998 年范堡罗航展是最后一次在传统的 9 月第一周举行,从 2001 年起,航展的举办日期改为每年 7 月份。

新加坡航展是由亚洲航空航天展览公司组织,由里德展览公司管理的亚洲国际航空航天展览会,与此同时还举办"亚洲防务技术展"和"亚洲机场设备和技术展"。首届新加

新加坡航展

坡航展于 1981 年在新加坡的巴耶利巴举行,举办于 1984 年的第 2 届航展迁至新建的樟宜机场的樟宜展览中心,以后的新加坡航展都安排在每逢双数年的春节前后,到 2000 年已经成功举办了 10 届。经过近 20 年的发展,新加坡航展已经成为继巴黎航展和范堡罗航展之后的世界第三大航展,并于 1988 年第四届航展开始增加了飞行表演节目。

从梦想到现实

7. 特技飞行表演队

世界著名的特技飞行表演队有英国的"红箭"、法国的"法兰西巡逻兵"、美国的"雷鸟"、日本的"蓝色冲击波"、中国的"八一"以及俄罗斯的"俄罗斯勇士"和"雨燕"飞行表演队。他们的队员都是各国飞行员中的佼佼者。

英国"红箭"飞行表演队的表演

英国皇家空军"红箭"飞行表演队，组建于1921年。和英国白金汉宫门前的古装卫队表演一起，成为大英帝国装饰门面最好的工具之一。他们的表演用机为"隼T.1"高级教练机，飞机腹部绘有一支箭形图案，以代表"红箭"的形象。其表演队形有"钻"、"十字"、"酒杯"、"箭形"、"协和"、"阿波罗"、"天鹅"、"三角"以及"八字"队形等。拿手好戏是9机编

"法兰西巡逻兵"飞行表演队的表演

队的特技飞行，规模大，气势壮观，其队形的密集程度在合国特技飞行表演队中首屈一指。

法国"法兰西巡逻兵"飞行表演队，成立于1931年。使用的飞机有F－84、"暴风"、"神秘"、"富加－教师"型飞机，1981年后，配备了法国与德国联合研制的阿尔法喷气式双引擎教练机。曾经飞越约旦褐红的沙漠、美国的自由女神像、埃及的金字塔、迪拜的帆船型超豪华宾馆、吉隆坡的双子塔等。他们的空中动作丰富，时而做"菱形"检阅飞行，时而做"酒杯型翻滚"。仅"筋斗"这个规定动作，飞行高手们就能做出"对头"筋斗、"履带"筋斗、"集合"筋斗、"箭形"筋斗、"分开式"筋斗、"三角形"筋斗和"终点"筋斗等。

美国空军"雷鸟"飞行表演队，组建于1953年。在北美印第安神话中，"雷鸟"一词是一种全能神灵化身的意思，它在空中具有搅动雷电的

美国"雷鸟"飞行表演队的表演

威力。该队通常使用6架F－16战斗机进行表演，其中4架为编队特技，2架为单机特技。"雷鸟"飞行表演队经常采用"菱

— 129 —

形"、"锲形"、"一字"等编队队形，表演动作惊险刺激，令人目不暇接。其中 4 机菱形编队为"雷鸟"的绝技，头尾相衔，机翼相接，令人惊叹，充分体现了"雷鸟"作为世界一流飞行表演队的魅力。

日本"蓝色冲击波"飞行表演队的表演

日本"蓝色冲击波"飞行表演队，组建于 1960 年。表演用机最初为 5 架 F－86F。1981 年 2 月，换装为三菱公司研制的 T－2 超音速教练机，表演机增为 6 架（4 架编队特技，2 架单机特技）。1994 年再次换装，装备了 T－4 高级超音速教练机。

中国"八一"飞行表演队的表演

而最让"蓝色冲击波"骄傲的则是在 1964 年 10 月 10 日东京第 18 届奥运会开幕式上的表演。当时，"蓝色冲击波"以 5 架时速 490 千米的 F－86F 用蓝、黄、黑、绿、红五色彩捆在 300 米空中拉出象征奥林匹克的 5 个直径 1830 米的贺环，使 94 个国家的选手和数万观众惊叹不已。

中国人民解放军空军"八一"飞行表演队，组建于 1962 年。

先后采用"米格－15"、"歼－5"、"歼－6"、"歼教－5"、"歼教－6"、"歼－7EB"六种机型进行表演。表演项目有4机菱形、4机箭形、4机楔形、6机楔形、8机三角形、8机楔形等，尤以壮观的9机编队表演而著称。1998年和2000年，中国珠海航展期间，"八一"飞行表演队在10天表演中，先后以六机向上向下开花、高速俯冲、低空横滚拉起、急速横滚跃筋斗、单机大速度横滚倒飞等16个世界公认的高难动作进行了20场次、132架次的表演，将歼－7EB的性能发挥得淋漓尽致，倍受世人关注。

"俄罗斯勇士"飞行表演队队员合影

"俄罗斯勇士"特技飞行表演队，成立于1991年。是世界上唯一一支使用重型战斗机进行表演的飞行队，采用的是苏－27UB型战斗机，6架空中表演飞机总重达150吨。他们的集体特技节目单上有"涅斯捷罗夫筋斗"、"加力盘旋"、"跃升半滚倒转""对头跃升急降"、"郁金花开"等等，个个惊险绝伦。尤其

从梦想到现实

值得一提的，好些特技动作都在飞行速度 800～900 千米／小时、高度 60～150 米的低空完成的。而其他一些飞行表演队由于飞机性能的局限，无法达到这样的要求。更令人吃惊的是"俄罗斯勇士"每年的训练时间只有 50 小时左右，表演次数也仅为数十次。而大部分国家的飞行表演队如英国的"红箭"、美国的"蓝天使"、法国的"法兰西巡逻兵"都已有 30～40 年的历史，它们每年要完成 300 个训练小时，作飞行表演 100～150 次。

俄罗斯"雨燕"飞行表演队使用的米格-29战斗机

俄罗斯空军"雨燕"飞行表演队，成立于 1991 年。表演用机为米格－29 战斗机。6 机表演是"雨燕"飞行表演队的拿手好戏。在留空的 28 分钟之内，他们安排了大量的各种编队的特技节目。他们表演的特技有"叠罗汉"、"锤子"、"星星"、"箭"、"十字架"等。1995 年，在庆祝卫国战争胜利 50 周年的阅兵式上，"雨燕"与另两支空军飞行表演队"俄罗斯勇士"、"空中骠骑兵"一起编队飞越莫斯科上空，赢得阵阵掌声，被誉为俄空军的骄傲，俄罗斯的骄傲！

第六章　蓝天悲歌

空难或航空灾难，是指由于不可抗拒的原因或人为因素造成的飞行器失事，并由此带来灾难性的人员伤亡和财产损失。通常与"空难"意义相同的词汇还有"飞机坠落事件"或"坠机事件"。汉语中将各种飞行器包括各种载人航空飞行器在起飞、飞行或降落过程中，或载人航天飞行器在起飞、飞行或降落过程中，由于人为因素或不可抗拒的原因导致的灾难性损失的事件统称为空难，如把美国"哥伦比亚"航天飞机的失事也称为"空难"。

1. 航空史上的首次空难

1937 年 5 月 6 日，德国巨型飞艇 LZ – 129 "兴登堡号"（该艇长 244 米，最大直径 39.65 米），在飞抵美国新泽西州的莱克赫斯特上空准备系留停泊时，尾部突然起火并点燃了氢气，飞艇焚烧殆尽，35 人不幸遇难。

2. 世界十大空难惨剧

空难事故发生的次数并不多，但由于飞机这一特殊的交通工具往往最受人们关注，而且一次事故所带来的影响也很大。下面列举航空史上死亡人数最多的十次空难情况：

1977年3月27日，一架美国泛美航空公司的波音747和一架荷兰皇家航空公司的波音747飞机在西班牙洛斯罗德奥斯机场发生地面相撞事故，致使583人死亡。

1985年8月12日，一架日本航空公司的波音747SR飞机在东京机场起飞12分钟后发生撞山坠毁事故，机上19名机组人员和505名乘客共有520人死亡。

1996年11月12日：沙特的一架波音747飞机在离开新德里后，在空中与一架哈萨克斯坦航空公司的伊尔-76飞机相撞，两架飞机上的349人全部死亡。

1974年3月3日，一架土耳其航空公司的DC-10客机在巴黎机场起飞后不久，两台发动机先后停机，飞机坠毁，共有346名乘客和机组人员死亡。

1985年6月23日，一架印度航空公司的波音747-237B型飞机从加拿大多伦多机场起飞，准备飞往英国伦敦。飞机在大西洋上空因爆炸坠毁，全部机组人员和乘客共计239人死亡。

1980 年 8 月 19 日，一架沙特阿拉伯航空公司的洛克希德 L
－1011 客机准备从沙特飞往约旦，中途经停卡拉奇。在卡拉奇机
场起飞后，行李舱着火，接着一台发动机也起火。飞机在返回机
场迫降后滑行期间，机舱内起火。这次事故全部机组人员和乘客
共计 301 人死亡。

1988 年 7 月 3 日，一架伊朗航空公司的 A300B 型客机在飞
往阿拉伯联合酋长国迪拜途中，被美国海军误认为是一架军用飞
机，发射地空导弹将其击中坠毁。机上全部机组人员和乘客共计
290 人死亡。

1979 年 5 月 25 日，一架美利坚航空公司的 DC－10 客机在
芝加哥机场起飞准备飞往洛杉矶。飞机起飞并飞到 100 多米高
时，一台发动机脱落导致飞机坠毁。机上全部乘客和机组人员共
计 271 人死亡。

1983 年 9 月 1 日，一架大韩航空公司的波音 747 客机从美国
返回韩国途经苏联库页岛上空时，被苏军米格－23 战斗机发射空
对空导弹击落。机上全部乘客和机组人员共计 269 人死亡。

1994 年 4 月 26 日，一架台湾中华航空公司的空客 A300 客机
从台北飞往日本名古屋。当飞机到达名古屋上空准备着陆时，发
生尾旋事故，着陆时尾部先行撞击地面起火。机上 271 名乘客和
机组人员中，有 266 死亡。

3. 第一次民航机空中相撞

世界上第一次民航飞机空中相撞发生在 20 世纪 20 年代。1922 年 4 月 7 日，一架英国戴拉姆航空公司的 DH – 18 型（由德·哈维兰公司生产）民航飞机与另一架法国格兰茨航空公司的哥利亚（由法尔芒公司生产）民航飞机在法国上空发生了相撞事故。这次事故造成的损失很大，7 名乘客和机组人员全部丧生。此后，为了避免飞机空中相撞事故的发生，各国加强了空中交通管制，并设置了飞行高度层，即两架飞机最小的垂直间隔距离。

4. 最大的客机地面相撞事故

民航史上最大的客机地面相撞事故，是 1977 年 3 月 27 日发生在非洲西北部西班牙属地特纳里夫岛上的两架波音 747 客机在地面相撞的事故。

两架波音 747 客机相撞后的残骸

当日岛上的洛斯罗德奥斯机场大雾弥漫，能见度很低。一架荷兰皇家航空公司波音 747 客机在跑道

上快速滑跑起飞时，与跑道交叉口滑出的另一架美国泛美航空公司的波音 747 客机突然相撞并发生爆炸。爆炸后引起的大火整整燃烧了 20 多个小时才被扑灭，飞机的残骸和旅客的尸体撒遍了机场跑道周围 300 多米的地方。

发生这起事故的原因除了天气恶劣外，还有就是机场交通控制部门操作失误。这起事故共导致了 583 人死亡，也由此引发了民航史上数额最大的一次赔款。

5. 伤亡最惨重的单机空难

人类历史上最惨重的单机空难是日本航空公司的"8.12"空难，造成 520 人死亡。1985 年 8 月 12 日下午 6 时 12 分，日本航空公司一架波音 747 客

日航"8.12"空难造成520人死亡

机从东京飞往大阪，起飞后不到 13 分钟在长野县坠毁。机上 524 人（其中 505 名乘客和 19 名机组人员）除了 4 人幸存以外全部丧生，创造了民航史上单机空难死亡人数之最。

调查显示，造成此次空难的主要原因是：飞机增压舱后部球面壁板破裂，致使垂直尾翼被折断，从而使飞机失去了控制，最

从梦想到现实

后撞在长野县和群马县交界处三国山的山坡上。后来，波音公司承认上次修理时的疏忽造成了隐患。因此，频繁飞行的飞机要特别注意结构疲劳的问题，特别是检修工作要认真细致。

6. 最惨重的飞行表演事故

航空史上最惨重的飞行表演事故，是 2002 年 7 月 27 日发生在乌克兰的一次飞行表演坠机事故。

苏-27战斗机的进行飞行表演时坠毁

这天，在乌克兰西部城市利维夫，乌克兰空军一架苏－27战斗机正在进行飞行特技表演时，突然失去控制，最后坠入地面观看表演的人群当中。机上两名飞行员被弹射出飞机后生还，但却造成了地面 85 人死亡，近 200 人受伤，死亡者中有 23 名儿童。这是人类历史上最为惨重的飞行表演空难事故。据称，造成这次事故的主要原因是飞行组织疏漏，飞行员没有足够重视飞行计划。

此前，最严重的飞行表演事故发生在 1988 年 8 月 28 日的美国拉姆施泰因空军基地。当时，由 9 架飞机组成的特技飞行队做交叉飞行时，两架飞机不慎相撞，而后波及了第 3 架飞机，随即燃起熊熊大火。其中一架还坠入了人群中。此次事故共造成 70 人死亡，上百人受伤。

7. "挑战者号"升空爆炸

1986 年 1 月 28 日中午，数百万美国人端坐在电视机前，观看"挑战者号"航天飞机的发射情景。这是航天飞机第 25 次飞行，但这一次非同寻常。在机上有 7 人（5 男 2 女），包

"挑战者号"失事的七名宇航员

括克里斯特·麦考利夫，她是一位小学教师，志愿参加美国政府的"公民航天"计划。她的丈夫和孩子们，以及其他机组人员的家属，也都坐在电视机前观看电视直播。"挑战者号"升空后只过了 73 秒钟，观看者就看到了爆炸，他们的笑容顿时化为恐惧

从梦想到现实

的哭声。

这次事故是由于一个助推火箭的密封装置出现故障而引起的。航天飞机升入天空后不久，泄漏出的燃料便着了火，火焰很快就扩散到了主燃料舱。"挑战者号"在卡纳维拉尔角发射台上空116千米高处发生了爆炸。"挑战者号"以约3200千米的时速飞行，爆炸后成为一个火球。航天飞机的残骸落在大西洋中，后来被美国海军潜水员打捞出来。"挑战者号"的7位机组人员是美国航天计划中第一批死于空中的罹难者。1967年，有3位美国宇航员死于发射台上，当时他们的航天器尚未升空就着了火。

8. "哥伦比亚号" 空中解体

"哥伦比亚号"失事的七名宇航员

美国当地时间2003年2月1日，载有七名宇航员的美国"哥伦比亚号"航天飞机在结束了为期16天的太空任务之后，返回地球，但在着陆前发生意外，航天飞机解体坠毁。美国东部时间上午9点（北京时间22时），也就是在"哥伦比亚号"着陆前16分钟，该机突

然从雷达中消失。电视图像显示，解体的"哥伦比亚号"在德州的上空划出了数条白色的轨迹。美国航空航天局并没有立即宣布包括一名以色列宇航员在内的全体乘员已经遇难。

9. 被鸟类干扰的飞行

说起空难事故，人们很难把它和天上的飞鸟联系在一起，然而就是这些小小的飞鸟，却曾给庞大的飞机造成严重的危害，甚至发生机毁人亡的惨剧。世界上最早飞鸟撞毁飞机的事件发生在 1912 年。当时美国飞行员卡尔·洛德杰尔驾驶莱特兄弟制造的飞机，从北美向南美飞行时，在美国加利福尼亚上空与一只海鸥相撞，机毁人亡。

据权威统计，全世界每年大约发生 1 万次鸟类撞飞机事件。其中的 4000 次，发生在美国，造成直接经济损失超过 2000 万美元。美国空军的飞机每年与飞鸟

莱特兄弟制造的飞机最早被飞鸟撞毁

发生碰撞的事件就超过 2000 次，平均每天 6 次，轻者人机俱伤，重则机毁人亡。1983 年至 1984 年，日本三家最大航空公司所属

的飞机，共发生了 1000 多起与飞鸟相撞的事件，其修理费用超过了 8 亿日元。国际航空联合会已把鸟害升级为"A"类航空灾难。

1982 年 4 月的一个傍晚，美国爱达荷空军国民警卫队第 124 战术侦察大队的训练开始了。35 岁的优秀飞行员格雷格·恩格尔布赖特和 32 岁的领航员弗雷德·威尔逊，驾驶一架由 F－4"鬼怪"式战斗机改装的 RF－4C 侦察战斗机，在俄勒岗中部地区作低空飞行训练时，飞行员左侧的挡风玻璃被一只重约 25 磅的大天鹅击中，恩格尔布赖特顿时失去了知觉，左臂鲜血直流。

美国的 B-1B 战略轰炸机

1987 年 9 月的一天，美国空军的一架可变后掠翼战略轰炸机 B－1B，在离地面 180 多米的高度正以 1000 千米/小时（278 米/秒）左右的速度飞行时，机头左前方突然闪过一道白光，一只重约 6.8 千克的白鹈鹕鸟向战机袭来。B－1B 在轰响中晃动起来，两台发动机的液压导管开始冒出浓烟，随后发动机的压缩器又出现了故障，排气温度急增。虽然全体机组人员奋力排障，但抖震和右滚现象仍无法控制，飞行高度随之急剧下降。在此危急关头，机组人员只好弃机跳伞。一架价值 1 亿美元的最现代化的战略轰炸机

竟毁于一只飞鸟。

　　我国也时常发生战斗机训练时与飞鸟相撞的事故。1990 年，我国的一架歼击教练机进行超低空训练时，突然与一只老鹰相撞，随之机体剧烈抖震，座舱噪声增大，幸亏教官与学员沉着冷静，采取果断措施才排除险情安全着陆。下了飞机，他们才发现飞机的进气道右侧撕开了一个大洞，其它部位也出现变形，发动机已无法修复。机头处尽是老鹰的血迹，一片惨状。而国内机场周围已经明令禁止养鸟（如鸽子等），就是为了防止飞鸟撞击事件的发生。而有的机场还专门成立了赶鸟队，防止飞鸟进入机场上空。

　　一只小小的飞鸟，空中何来那么大的撞击力？从中学物理学的知识我们知道：两物相撞会产生的冲力，参予碰撞的物体质量越大、相对速度越高、接触角时间越短，所产生的冲力越大。例如：当飞机以 180 千米/小时（50 米/秒）的速度与一只 1 千克重的飞鸟相撞时，其冲击力可达 13 千牛；而当飞机速度增至 900 千米/小时（250 米/秒）时，其冲击力猛增至 310 千牛。飞鸟的体重越大，飞机受到的冲力也越大。牛顿力学原理是无情的，无知的飞鸟在相撞后当然是粉身碎骨，而高级合金制造的飞机机体也会严重受损。此外，喷气式飞机进气口强大的气流常会将飞过的鸟类吸入发动机，造成鸟击事件。

　　如何避免飞机与飞鸟相撞，尽管航空界人士绞尽脑汁，但始终是个"世界级难题"。目前，使用的有语音驱鸟、煤气炮吓鸟、

从梦想到现实

敲锣赶鸟、设网拦鸟等等，但这些都不能从根本上解决问题。

10. 不断发生的劫机事件

劫机，即以武器或威胁等暴力手段劫持飞机的行为。既包括政治流亡、恐怖活动等目的意识明确的劫机行为，也包括对交通工具自身有异常的兴趣、精神错乱等引起的劫机行为。世界上第一次空中劫持发生在 1931 年 2 月的秘鲁。

20 世纪 60 年代以后，劫机事件不断增加。1969 年 12 月，大韩航空公司 YS - 11 型飞机于韩国釜山机场起飞后遭劫机，劫机者要求前往北朝鲜。抵达北朝鲜后，乘客及乘务员 11 名连同飞机至今未被返还。

1970 年由日本赤军派策划的淀号劫机事件是日本最早的劫机事件。在这次劫机事件中日本的运输政务次官被顶替当作人质，劫匪成功流亡北朝鲜。暨此教训，日本设立了《劫机防止法》。

波音707型飞机

1970 年 9 月 6 日，环球航空公司的波音 707 型飞机、瑞士航空公司的 DC - 8 型飞机、LR·以色列航空公司的波音 707 型飞机、泛美航空公司的波音

747 型飞机，共计 4 机遭同时劫机。在乘机私服警备人员同劫机者展开枪战后，除以色列航空的飞机和未能着陆的泛美航空飞机以外，其余两架飞机在约旦的英国空军基地强行着陆成功，事件发生不久不列颠航空公司遭劫机，于同一空军基地强行着陆成功。着陆后全体乘客被解救，3 架飞机被同时爆破。这是一起由巴勒斯坦人民解放阵线（PFLP）策划组织的，意在解救被关押战友的劫机事件。

1973 年 7 月 20 日，自称"被占领地的儿子"的巴勒斯坦游击队与日本赤军的混成部队劫持了阿姆斯特丹飞往东京的日本航空公司波音 747 型飞机，强行着陆利比亚。人质解救后飞机被爆破，劫机者逃亡。

1976 年 6 月 27 日，特拉维夫飞往巴黎的法国航空公司 139 航班遭巴勒斯坦人民解放阵线（PFLP）和巴德尔 – 迈因霍夫集团（BAF）合伙组织的劫机，途经利比亚，释放了除犹太人以外的人质后，于乌干达着陆。乌干达独裁者伊迪·阿明总统支持 PFLP，将 103 名人质关押于机场候机厅。7 月 3 日深夜，以色列特种部队实施了称为"恩德培行动"的人质救援行动。有 2 名人质死亡，其余人员全部救出。

1977 年 10 月 13 日，西班牙领马约尔加岛飞往法兰克福的德国汉莎航空公司 615 航班（波音 737 型）遭自称为"黑色九月"的德国红军（BAF）和巴勒斯坦人民解放阵线（PFLP）合伙策划的集团劫机，被迫于索马里着陆。10 月 17 日，由慕尼黑惨案

从梦想到现实

而设立的西德特种部队国境第 9 警卫队（GSG - 9）通过突袭将人质全员解救。

1985 年 6 月 14 日，希腊雅典飞往意大利罗马的环球航空 847 航班（波音 727 型），在地中海上空飞行时遭两名自称为伊斯兰激进派分子劫持，一名美国乘客遭射杀。此后，美国政府为报复此事件，将利比亚领导人卡扎菲住宅炸毁，其女儿在内的数名人员遇害。

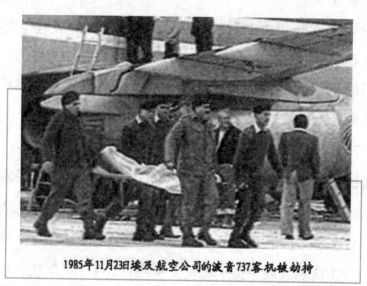

1985年11月23日埃及航空公司的波音737客机被劫持

1985 年 11 月 23 日，埃及航空公司的一架波音 737 客机从雅典飞往开罗。起飞后 15 分钟，4 名巴勒斯坦恐怖分子，要求飞行员飞往利比亚。后劫持者同意把飞机开往附近的马耳他机场。着陆后，劫持者要求加油，甚至以炸毁整架飞机相威胁。但马耳他政府和埃及政府决定向恐怖主义发动突袭，尽可能多地解救人质。经过一场激烈的战斗，劫机人员先后被击毙。但飞机上的旅

客也遭到了重大损失，92 名乘客和 6 名机组人员中，60 人死亡，28 人受伤。这是历史上最惨重的劫机案。

1986 年 5 月 3 日，台湾中华航空 334 号班机，在飞往香港降落前遭机长王锡爵劫持转降中国大陆广州白云机场，是少见的民航机驾驶员自行劫机的案例。

1994 年 6 月 8 日，中华人民共和国福州飞往广州的中国南方航空班机遭劫机，劫机者要求飞往台湾。此后飞机被迫降落桃园中正国际机场，着陆后劫机者投降，被台湾政府逮捕。这起劫机事件目的被认为是政治流亡。在当年，引发模仿效应，有数架次的中国大陆民航机先后被劫往台湾。

1999 年 7 月 23 日，日本全日空 61 航班遭劫机，劫机者威胁空中乘务员后，闯入操纵室，将机长刺杀后，自行驾驶飞机急速降落。据称劫机犯对飞机以及飞机运行系统有异常的兴趣导致此事件发生。

2001 年 9 月 11 日，盖达组织恐怖分子挟持美国联合航空 93 号班机、175 号班机及美国航空 11 号班机、77 号班机对世界贸易中心、五角大厦进行恐怖攻击，其中 11 号及 175 号班机先后撞上世贸大楼，77 号班机则撞上五角大厦。93 班机则因机上乘客及机组员的奋勇抵抗而在宾夕法尼亚州郊区坠毁，据说机上恐怖分子的目标是美国国会山庄或白宫。

劫机属于恐怖主义行为，多为激进派组织所为。各国为应付这种情况，完善了机场保安系统，并建立了处理劫机事件的特种

人类的飞翔

Ren Lei De Fei Xiang

从梦想到现实

部队。1980～1990年劫机事件相对有所减少，但是2001年9月11日美国发生的"9.11"恐怖袭击事件，使得劫机防止再次成为世界性课题。

11. 震惊世界的"9·11事件"

"9·11事件"，又称"911"、"美国911事件"等，指的是2001年9月11日恐怖分子劫持飞机撞击美国纽约世贸中心和华盛顿五角大楼的历史事件。

2001年9月11日，四架民航客机在美国的上空飞翔，然而这四架飞机却被劫机犯无声无息地劫持。当美国人刚刚准备开始一天的工作之时，纽约世贸中心连续发生撞机事件，世贸中心的摩天大楼轰然倒塌，化为一片废墟，造成了2550人丧生。

"911"恐怖袭击事件发生后的双子座废墟

当日上午8：45，波音767－223ER在飞离波士顿洛根国际机场不久后就被劫持，撞毁在世贸中心北楼，大楼随后坍塌。机

上人员 92 人全部遇难。

9：03，波音 767 - 222 同样地在飞离波士顿洛根国际机场不久后就被劫持，撞毁在世贸中心南楼，大楼随后坍塌。机上人员 65 人全部遇难。

9：45，波音 757 - 223 飞离杜勒斯国际机场后不久被劫持，随后撞向五角大楼一角。机上人员 64 人全部遇难。

10：20，波音 757 - 222 飞离纽华克国际机场后不久被劫持，直向华盛顿飞去。随后高速坠毁在宾夕法尼亚乡间，据猜测是乘客与劫机者搏斗阻止了这架飞机撞向目标。机上人员 45 人全部遇难。

根据次日统计，包括被撞大厦内的遇难人员，在"9.11 事件"中共有 2749 人丧生。整个美国乃至全世界都为之震惊，人们陷入了极度恐慌之中。这是美国历史上遭遇的最为严重的灾难之一。

12. 百慕大地区的神秘失踪事件

飞机神秘失踪事件频发，使得百慕大海区成为航空专家和航空爱好者极为关注的地区。

百慕大海区北部是百慕大群岛，东南部是波多黎各岛，西南部是佛罗里达半岛和古巴岛。据记载，在这片"陷阱水域"，自

从梦想到现实

百慕大海区图

20 世纪以来已有上百架飞机和两百余艘船舰失事或失踪，下落不明的失踪者已达数千人。

从地理环境来看，百慕大海区确有其特殊性。这里有势力强大的暖流经过，并多飓风、龙卷风；海底地貌复杂，大陆架狭窄，海沟幽深，地处火山和地震的活跃地带。但这些并不足以揭示百慕大水域的多事原因。

几十年间反反复复的调查表明，不少船只飞机都是无端消失在这个"魔三角"海区的，且未留下任何可寻痕迹。如美国油轮"凯思号"，船上配备有先进的自动导航和通讯设备。1963 年 2 月 3 日，它在平静的百慕大海面航行中，突然中断了与陆地的无线电联系，连呼救信号也未发出就失掉了踪影。此后，两艘核潜艇也在百慕大海域消失得无影无踪。

1945 年 12 月 5 日，美国海军 5 架"复仇者"式海上鱼雷轰炸机，在返航途中竟一同消失在百慕大海区上空。飞机失踪前向地面指挥传送了令人费解的谈话："我们不知道自己在什么地方，……我们好像迷失了方向。""……就连大海也变了样子……""旋转发疯的罗盘……""进入了白水。""我们完全迷失了方向……"飞机失踪后，美国最高军事当局动员了空前规模的舰船和

飞机，对包括百慕大水域在内的近 200 万平方千米的海陆空范围进行了严密的搜索，然而连一点残片和油滴都未找到。分外怪异的是，就在 5 架轰炸机已在百慕大海区失踪后的数小时内，仍有一个设在迈阿密的美国海军航空基地收到了来自失踪飞机那里的微弱信号。

这些莫名其妙地失踪的船舰和飞机究竟到哪里去了呢？难道百慕大水域真的会存在什么特殊的"时空域"结构么？一系列事实的出现，加深了研究者们的猜测。这使得百慕大三角海域益显神秘。

1968 年，美国航空公司一架大型客机在穿越百慕大海区时，竟在地面荧光屏上失去图像达 10 分钟之久。尔后它却安然无恙地降落在迈阿密的机场上，抵达时间也大大地提前了。机组人员虽未遭遇任何稀奇事件，但飞机上所有钟表都比陆上慢了 10 分钟。显然，根据相对论，只有飞机加速到接近光速，这种情况才有可能发生。

1977 年 2 月，一架水上飞机载了 5 名乘客进入百慕大水域进行现场考察，当考察人员在机舱内进晚餐时，突然发现刀叉变弯，机上钥匙变形，罗盘上的指针偏离了几十度，录音磁带中出现了噪音。面对此情景，考察人员百思不解。

1989 年，一艘失踪近 8 年的英国油轮"海风号"在百慕大水域的原失踪海面重新出现，而船上的 6 个人都平安无事。只是他们对消逝近 8 年的时光毫无记忆，都感觉无非是一瞬间；为此他们无法回答其间的神秘际遇，以为"刚才"没做什么。这些人

从梦想到现实

目前正在接受催眠调查。海船再现时间原在 30 年代就已发生过，但人们只发现了完好的空无一人的"幽灵船"。

百慕大海区正在悄悄展示它的另一面，但人们毕竟不会忘记它的危险性。应当承认，最危险的百慕大海区同时又是最具诱惑力的海域。为什么百慕大水域能够造成人体生理与智能上的变化呢？为什么船只能够失而再现呢？难道百慕大三角海区果真有什么超自然的力量存在么？抑或，百慕大"魔三角"是地球上最神秘的重力变异区或时空变异区？

13. **更为稀奇的失踪重现**

自近代以来，人类蒙受神秘灾劫的主要表现形式就是飞机与船只的失踪。其实，这类失踪事件已非稀奇，稀奇的倒是失踪后的飞机与船只完好如初地重新出现。这些无人驾驶的飞机与船只，就像幽灵一般从另外的时空中返归到了地球上。

1985 年，一架失踪了差不多半个世纪的双引擎客机，在新几内亚的一片森林沼泽内被发现。令人无法理解的是，这架飞机看来就像它失踪时一样簇新，毫无陈旧异变。机身上清晰可辨的标志显示，这架银光闪闪的飞机正是 48 年前由菲律宾马尼拉飞往民琴那峨岛失踪的一架客机。在机舱内找的报纸，其日期是 1937 年 1 月的第三个星期日。

新几内亚位于赤道带内

　　一组由印尼军方派出的航空专家，经过数小时对这架"像新的一样"的客机内调查后，出来时个个都面色大变和震惊不已。负责调查的主管部门当即下令军队封锁飞机出现的地区。

　　调查人员最初见到该机时，简直没法相信自己的眼睛：它的外壳是那么新，机身完全没有暇疵，在太阳下犹如一面镜子闪闪发光。调查人员本认为机门一定生了锈，很难打开，可是它却一扭便开，没有一丝"吱吱"的声音。

　　进入机舱后，见不到任何活的或死的人。但机舱内有空的纸杯、烟蒂，几份完全没有发黄的 1937 年的报纸；显示出最近曾有人乘坐过。在其中的一个烟灰缸内，放了一个空香烟盒，它的牌子在 1930 年十分流行，但到第二次世界大战时已停止生产。而出现在杂志上的服装和发型，也全是美国经济大衰退时期的。保温瓶内还有烫热的咖啡，而它的味道完全没变；那里还有三明治，也同样新鲜。

最让调查人员惊讶的还是飞机状况，它的蓄电池仍充满电，当扭开几个开关时，机内的灯皆亮了起来。飞机的油缸也几乎全是满的。这种种情形令调查人员不禁毛骨悚然。

这架飞机看来是用机轮紧急着陆的，它刚好落在沼泽软泥上，所以完全没有损坏，仍可像50年前一样飞行。为揭开客机失踪重现之谜，当局对这架来自"过去"的飞机仍在进行调查。

14. 黑匣子：飞行事故见证者

飞机上的黑匣子

我们从电视或报纸上常看到，飞机失事后，有关部门总是千方百计去尽快寻找"黑匣子"。那么，什么是"黑匣子"？它有何特异功能呢？

"黑匣子"是记录飞行全过程的记录仪，是一台有着良好保护层的机载电子设备——信息存储器。类似我们日常生活中的录音机或录像机。这种仪器从上世纪50年代起陆续在飞机上使用，一般安装在飞机尾部。

起初，这种黑匣子是黑颜色的，故名"黑匣子"。后来人们发

现黑色的匣子在水中、森林中、夜间不容易找到，就把它改为黄色或橘黄色。目前所说的"黑匣子"，实际上是一个直径 30～40 厘米的圆球或长方体。一架飞机中，一般装有两个"黑匣子"。

这两个"黑匣子"的作用是有区别的。一种是飞行数据记录器，记录飞行参数，如水平速度、垂直速度、加速情况、高度、磁角以及发动机工作状态等飞行数据，也就是记录飞机的飞行状态。另一种叫做飞机座舱通话录音机，用来记录驾驶舱机组人员的言谈和各种可听到的声响，以及机务人员同地面飞行控制机构的对话，即记录机舱内环境。"黑匣子"在飞机飞行中不断地进行着记录，在飞机的起飞、离地、上升和下降着陆阶段，记录得尤为详细。因此，飞机一旦失事，尽快找到"黑匣子"成为每一个调查小组首要的迫切任务。

为使"黑匣子"在最恶劣的情况下也不致受到损伤，科研人员在设计制作上采用了专门的设备。在飞机与山、建筑物相撞时，可承受 1000 倍重力加速度的冲击力，抗御 1100 摄氏度的高温可达 30 分钟，并可承受海水浸泡及 2 吨的静压力。它可反复记录 25 小时内的 64 种飞行参数，保留最后的飞行数据。为飞机定期检修或空难事故调查提供信息，是飞机失事的见证者。

"黑匣子"在分析飞行事故中以其奥妙所在而起着无可取代的作用。飞机一旦失事，若没有"黑匣子"提供证据，事故原因就很难查明。目前在国际航空器中已普遍采用。

从梦想到现实

第七章　跳伞的故事

中国古代的舜帝

在历史上，航空曾是一项充满危险的事业。但自从有了降落伞，就大大增强了飞行员的安全感，也挽救了不少飞行员的生命。

现在普遍认为，降落伞是在18世纪末发明的。但翼形伞出现以前，降落伞的一般原理，可见于司马迁《史记·五帝本纪》所记载的舜手持遮阳的圆形斗笠，从着火的粮仓顶上跳下而平安落地的故事。故事记述，舜早年丧母，父亲瞽叟又娶了一个妻子，并生了个儿子象。从此以后，一家三口都不喜欢舜，想杀害他。一天，瞽叟叫舜修理粮仓，当他爬上粮仓后，父亲就在下面放起火来。舜急中生智，手拿两个斗笠，作为两支翅膀，从粮仓上跳了下来，结果毫无损伤。这斗笠可以说是人类最早的降落伞。

而真正把这种灵光一现变为发明设计的，是意大利文艺复兴时代的巨匠达·芬奇。他设计了一种用布制成的四方尖顶伞盖，人可以吊在下面，凭借空气阻力从空中慢慢下降安全着陆。

1617 年，意大利学者魏兰奇奥曾在他的著作中也谈到过类似的设想。把方形帆布固定在尺寸相等的四根木棍上，在四个角上栓上四根绳子，一个人用双手扯住他们，就可以从高空安全跳下。

1. 高空逃生的启示

对于这种设想的试验，也是意大利人完成。不过这次却是一个囚犯。

1628 年，意大利监狱里的犯人拉文，将几根绳子系在伞骨上，另一端与手柄相连，在一个夜晚，手攥伞绳手柄从狱堡上跳下。这次冒险载入了史册。

1777 年，法国人贝拉吉奥将自己设计的木框糊上布，制作成伞状装置，并利用它从高塔上跳下。1783 年，法国人勒诺尔基也曾使用一个类似的直径为 0.76 米的伞状物，从一个观察塔上跳了下来。

1785 年，法国气球专家白朗沙尔在一次气球实验中，由于气球突然破裂从 200 米的高空坠下，亏得当时蒙着气球的布幔迅

高塔跳伞

从梦想到现实

速张开，减缓了下降速度，他才得以死里逃生。受这次脱险的启发，白朗沙尔尝试了跳伞试验。他从 35 米高的塔上放下一个直径 2.5 米的降落伞，伞下系一个吊篮，里面装着一只狗。最后，狗安全着地。1793 年，他本人从气球上用降落伞下降，可是他在着地时摔坏了腿。

2. 第一次气球跳伞

1797 年 10 月 22 日，巴黎上空，人类首次从飞行器上跳伞。跳伞的人叫加内林，他使用的降落伞有肋状物支撑，收拢起来就像现在的阳伞。

气球跳伞

这次跳伞是由氢气球带到高空，按照加内林的要求，一直上升到约 610 米，然后加内林一拉系在气球上的释放绳，降落伞便离开了气球，伞盖就被强烈的气流张开。由于伞上没有孔，降落伞摆动得很厉害，使站在小篮子里的加内林在着陆时头晕目眩，恶心呕吐。这一次跳伞成功，开创了人类自天而降的历史，是一

次伟大的壮举。

1802年9月21日，加内林再次在伦敦从2438米高度降落成功。1808年波兰的库帕连托从着火的气球上用降落伞脱险。

此后，跳伞已成为航空表演中的一种不可缺少的节目。其具体方法：用有人驾驶的气球升空，降落伞就系挂在气球上。全体表演者可以乘气球上升到冷空气允许的高度，于是跳伞的人便脱开吊架，使降落伞离开气球，安全地降落到地面。

3. 紧急打开降落伞包

航空降落伞是在飞机出现后才发明的。1911年，俄国退役炮兵中尉克杰尼柯夫发明了世界上第一种可折叠、固定在人身上的背包式降落伞。经过改进，这种伞就系在飞行员身上，供危急时刻使用。

世界上最早从飞机上跳伞的人是美国跳伞队队长艾伯特·贝里，他被人们称之为"空中表演家"。1912年3月1日，贝里首次使用固定开伞索，在密苏里州圣路易斯市上空，从一架飞机

现代飞机跳伞

从梦想到现实

上成功跳伞。同年秋天，F·R·劳第一次使用自由开伞索在美国从飞机上跳伞。他使用的是史蒂文斯的有"救生降落伞包"的降落伞。1913 年 6 月 21 日，被称为"小不点儿"的美国人乔治亚·布罗德维克夫人，在美国洛杉矶里菲斯公园上空从飞机上成功跳伞，成为世界上第一个从飞机上跳伞的女性。1919 年 4 月 9 日，欧文在美国首次使用他改进了的有开伞索的降落伞。这种具有开伞索的降落伞是现代降落伞的原型。

4. 现代火箭弹射座椅试验

第一次世界大战中，各国为作战飞机的飞行员配备降落伞。但是随着飞机速度的增加，飞行员爬出座舱跳伞变得日益困难。当飞机飞行速度达到 500 千米/小时，飞行员必须借助外力才能应急离机逃生。这就促使了弹射座椅的发明。

现代火箭弹射座椅

1938 年，德国人首先试验了以橡皮筋为动力的弹射座椅，但由于动力不够，没有取得成功。后来，他们又试验了以压缩空气为动力的弹射座椅，获得了成功，并于二战时期得到了广泛运用。

最早研制火箭弹射座椅的是英国人。早在 1944 年，他们就开始了这项研究。经过大量试验，终于成功制造了世界上第一种火箭弹射座椅。二战结束后，瑞典、德国又先后制造了以火药为动力的弹道弹射座椅。随着科学技术的发展，飞行员救生系统也不断得到发展完善。

附：民航客机装有应急跳伞装置吗？

没有。跳伞是一门专业技术，是要经过专门训练的。它是指假如飞机在空中真的发生了无法挽救的飞行事故时，飞机上的旅客必须要在很短的时间内完成座椅弹射，脱离机身，并熟练地打开和灵活操纵伞绳，准确标准地落地后迅速脱离降落伞的过程。这是一般没有经过训练的旅客根本不可能在瞬间完成的一系列技术动作。航空运输部门也不可能为了一个在飞机上只呆几个小时甚至几十分种的乘客去对他们各个进行跳伞训练。

那么民航客机没有应急跳伞装置就不安全了吗？答案是否定的，现代化的大型客机（如波音、麦道、空中客车）都有两台或两台以上发动机。即使只有一台发动机正常工作，驾驶员操作正确仍能维持最低安全限度的飞行，如果客机上真的出现了紧急情况，发生了无可挽回的飞行事故时，客机上还设有供旅客使用的紧急出口，配备有紧急自动充气滑梯和救生衣。这些都是紧急迫降后，在机组人员指导下完成离机逃生的手段。

从梦想到现实

5. 各国建立空降兵

自古以来，人类在战争中就一直在寻求一种超越对方的机动优势。空降兵的超机动能力使骑兵的迅捷剽悍、摩托化部队的纵横驰骋黯然失色，使高地在军事上的重要性、障碍物的运用、预备队的使用、支援火力的协同、侧翼掩护以及佯动和奇袭的运用等长期以来沿用的作战原则都被置于一种完全不同的地位。这一切，均源于飞行事业的发展，尤其是当降落伞的功用由紧急救生过渡到人员、物资伞降。此时的降落伞，已经由简陋的拴着绳子的布片演变成为高空伞、低空伞、翼伞、投物伞、动力飞行伞等庞大的家族。全副武装的士兵和数十吨重的坦克、火炮，均可以利用它们安全着陆。

作为世界上第一个制空权的倡导者朱利奥·杜黑的诞生国，降落伞的出现首先迎合了意大利空军的心意。他们在 20 年代中期就开始在世界上率先发展大规模跳伞技术。

但是，苏联对跳伞技术所做的巨大努力使意大利和欧洲其他各国都相形见绌。在苏联伞兵创始人奥尼德·米诺夫的努力下，1930 年 8 月 2 日，苏联首次空降了一支伞兵分队。这一天在后来就成了苏联空降兵节。这也是世界上第一支空降兵分队。三年后，苏联在莫斯科举行航空表演，1 万名观众鸦雀无声地观看了从两架大型轰炸机上跳出的 46 名伞兵——这是当时的世界纪录。

苏联人还用一具大型降落伞空投一辆小型作战坦克，虽然这辆坦克在着陆后就无法启动，不得不拖出演习场，但却给现场观看的外国观察家们留下了深刻的印象。

受此启发，欧美各国开始纷纷建立自己的空降兵部队，并很快投入战争应用。在二战开始时，上百名德军空降兵举手之间就攻占了世界上最坚固的堡垒——埃尔本要塞；在

中国空降兵

二战结束时，是苏联空降兵率先攻入柏林；在海湾战争中，美第101 空降师那些"飞行牛仔"追亡逐北，像赶牛一样把伊拉克数十倍于己的步兵驱逐到美军的战俘营；1999 年 6 月 12 日凌晨，一支由260 人组成的俄空降兵部队在事先未与北约方面达成一致的情况下，突然出现在科索沃普里什蒂纳机场，打乱了北约方面将俄罗斯排除在科索沃维和行动之外的企图；在车臣战争中，普斯科夫空降师浴血奋战，成了车臣武装分子们的致命克星……作为一支凶猛机动的武装力量，这种长着双翼的特种兵在世界上每一个国家都是"国家利器"，出现在每一场突发战争、每一个最恶劣的战场上。到今天为止，世界上有 80 多个国家有空降兵部队，其中 30 多个国家编有空降师或空降旅。

中国空降兵部队成立于 1950 年。这一年，中央军委电示各

军区、各野战军，要求从各陆军部队中抽调一批战斗英雄或模范班、排干部组建空军陆战部队。不久又规定，其不足之数可从一、二等功臣中补选。9 月 17 日，来自全国各部队的 4763 名战功赫赫的指战员云集古城开封府，组建成空军陆战第一旅，为人民军队的第一支空降兵部队。

1961 年，中央军委决定将战功赫赫的上甘岭部队改编为空降兵。这支在解放战争中开辟豫西根据地、征战淮海、强渡长江、横扫两广、剿匪云贵川，并在朝鲜战争中令美国人闻风胆寒的地面雄师突破地形限制，成了蓝天蹈浪的空中劲旅。和平年代，这支部队曾先后参加了 1998 年的抗洪抢险和 2008 年的抗震救灾工作。

6. 勇敢者的运动

跳伞运动是指跳伞员乘飞机、气球等航空器或其他器械升至高空后跳下，或者从陡峭的山顶、高地上跳下，并借助空气动力和降落伞在张开降落伞之前和开伞后完成各种规定动作，并利用降落伞减缓下降速度在指定区域安全着陆的一项国防体育运动项目。它以自身的惊险和挑战性，被世人誉为"勇敢者的运动"。美国的唐·凯纳尔保持着跳伞次数最多的纪录。截至 1998 年，他已完成 2.6 万次跳伞。他的同胞谢丽尔·斯特恩斯则保持着女子跳伞次数最多的纪录——至 1998 年末，共 1.28 万次，其中大

部分跳伞地点选在美国。

对于跳伞爱好者来说，踩伞造型跳伞编队是最难的动作之一，它要求跳伞者操纵伞相互靠拢，上面的跳伞者用手抓住或用脚勾住下面跳伞者的伞衣或伞绳，依次连成一串。

唐·凯纳尔保持着跳伞次数最多的纪录

2008 年 7 月 29 日，100 名跳伞爱好者近日在美国佛罗里达上空创下了一项踩伞造型跳伞编队新纪录，他们在空中组成了一个巨大的菱形图案编队，这个编队的体积足有一架波音 747 飞机那么大。

100 名跳伞者先后从 5 架飞机上跳下，他们在第二次尝试中

佛罗里达上空的百人造型跳伞编队

成功地组成了菱形图案编队，他们用手和脚与附近的伞实现了"对接"，从而打破了 85 名跳伞者 2005 年所创下的踩伞造型跳伞编队世界纪录。

组织者为了完成这一特技动作进行了七年的策划和训练，每位跳伞者必须学会如何与位于他下面的邻居实现"对接"。活动组织者和参与者布里恩·潘布恩解释了创造这一纪录的技术复杂

从梦想到现实

性。这位 43 岁的跳伞爱好者称："策划工作必须非常精确。我们动用了五架飞机来运载跳伞者。编队造型时必须从上至下进行，首架飞机的高度是 6300 米，它载有 9 名跳伞者，他们在离开飞机后就立刻操纵伞就位。在两分钟后，我们让另一架飞机上的 25 名跳伞者和两名摄影师在 5400 米跳伞，另一架飞机上的 25 名跳伞者隔两分钟后在 4500 米的高度跳伞。最后两架飞机上分别载着 20 和 21 名跳伞者，他们最后一批离开飞机。从第一批跳伞者离开飞机至我们全部落地只有 11 分钟，时间很有限。我们必须在 1200 米上空解散编队以便让所有的人都能安全着陆。我们差一点就没成功，但我们在最后一刻成功地实现了编组。"

7. 乘火箭到天外起跳

2008 年 10 月 18 日，美国"太空跳伞"公司的创始人里克·图姆林森和美国宇航局前外科医生、军队高空跳伞专家乔纳森·克拉克对外宣布，如果计划进行顺利，他们最早将在 2009 年尝试第一次太空跳伞———坐火箭抵达 3.6 万米的高空然后跳回地面，以打破美国空军测试飞行员基汀格在 1960 年创下的纪录。

当时，基汀格乘坐约 20 层楼高的氦气球飞到 3.1 万米高的太空边缘，以 1149 千米的最大时速进行自由落体，并在打开降落伞后安全返回地面，在 13 分钟内创造了高空跳伞的高度纪录，

并且至今无人打破。

如果这次破纪录尝试成功，他们将在两年内向 10 万米高空起跳的极限纪录发起挑战。届时，冒险者将以 4000 千米的时速风驰电掣般地插入大气层，这时低层大气会将跳伞者的垂直速度降低到每小时 192 千米，经过几分钟垂直降落后，主降落

1960年乔·基汀格创下3.1万米高空跳伞纪录

伞将在距离地面 1600 米的高度自动打开。

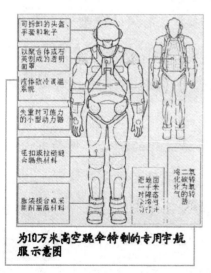

为10万米高空跳伞特制的专用宇航服示意图

当然，要完成这样惊心动魄的计划，必须要有相应的装备和系统作为保障。其中包括太空起跳平台、特制降落伞、跳伞防护服等等。克拉克说："实在有太多不同的因素，可以将人置于死地。"为了安全起见，"太空跳伞"公司将首先利用假人开展低空试验，然后招募志愿者在 3200 米处进行中等高度的试跳。

从
梦
想
到
现
实

第八章　飞向太空

人类飞向太空的梦想，有文字记载的至少有数千年。如中国远古的"嫦娥奔月"、敦煌莫高窟的"飞天"以及明朝人万户火箭飞天的尝试等等。19世纪中叶，随着气球等飞行器的发明，法国人儒勒·凡尔纳的小说《从地球到月球》《环绕月球》几乎启发了所有怀抱飞天梦想的人们。

《环绕月球》一书中写道：美国南北战争期间建立的大炮俱乐部在战后设想，要把炮弹射到月球去。炮弹的造型像一条船，里面放置了温度表、气压表、月球图，它以预定的速度接近月球，可是途中遭遇到了流星的袭击，炮弹偏离了原来的飞行轨道，没有在月球上登陆又奔回地球。

在这里，凡尔纳的科幻小说不再是纯粹的神话，里面有以牛顿万有引力定律为科学依据的计算，虽说用大炮发射炮弹抵达月球的做法显然是不现实的，但利用燃料化学反应的爆炸力作为飞天动力的方案，可以说是孕育了现代空间技术的基本理想。进入20世纪以后，人们观念中关于宇宙空间的科学概念逐渐形成，世界各国活跃着一大批航天先驱。

1. "航天之父"齐奥尔科夫斯基

19世纪末，俄国人齐奥尔科夫斯基凭借着他广博的知识和大胆的想象，用科学架起了人类通向太空、从幻想通向现实的桥梁。

齐奥尔科夫斯基，1857年出生于俄国的一个贫苦护林员的家庭，9岁时，不幸双耳失聪。后以惊人的毅力自学成才，竟成了一名中学教师。他的生活十分艰苦，却节省钱买设备和材料，进行各种科学研究。进入中年以后，他就开始研究火箭原理和航天理论。他曾明确地提出：要飞

齐奥尔科夫斯基

行太空，首先要有运载的工具；而要在没有空气的太空中飞行，利用喷气反作用力作为动力是最理想的，火箭是太空飞行最有效的交通工具。

在研究火箭速度的过程中，齐奥尔科夫斯基得出以下结论：单位时间内喷射的气体量与火箭上升的速度密切相关。喷气速度越快，因为反作用力，火箭就向上升得越快。那么如果要升到一

定的高度，就必须有足够多的燃料。但是如果单是增加燃料，那么火箭自身的重量就增加，必然会影响到上升速度，这就是说明这种增加燃料的方法并不能增大火箭的速度。而解决这一问题的最好办法，就是采用了多级火箭提高速度。多级火箭是将几个火箭串起来组成的，通常是三级，每一级有各自的发动机和燃料装置。第一级点火发动，把火箭送入空中，一定时间后燃料燃尽，第一级火箭就自动脱落，接着第二级点火。火箭自身重量减轻后，在动力不减的情况下会以更快的速度上升。同理第二级脱落，第三级点火。通过精确的计算整个飞行器就能飞上一定的高度，一定会到达太空。

此外，齐奥尔科夫斯基还依据科学的分析，提出使用大推力液体火箭，用氧作氧化剂，用液态氢作为燃烧剂。他在小说《在地球之外》中写到的用小型"着陆船"在月球上降落的构思，与现代的"阿波罗"宇宙飞船十分相似。

齐奥尔科夫斯基惊人的科学预见力让人为之赞叹不已。正是他的多级火箭方案及其他一些设想，为人类实现飞天之梦奠定了坚定的基础，齐奥尔科夫斯基也因此被人们誉为"航天之父"。

2. 他们创造了火箭发展的历史

随后，欧美一些科学家开始研制作为航天运载工具的现代火

箭。其中美国的哥达德成就斐然，被誉为"火箭之父"。

哥达德，1882 年 10 月 5 日出生于美国的马萨诸塞州。还是在中学时，他便迷上了太空飞行，一心想研究出一种能飞往太空的交通工具。1911 年，哥达德获得了博士学位，此时他对火箭的兴趣更浓了。他在一家农场

"火箭之父"哥达德

里进行火箭发射试验，虽然他遇到了许多挫折，但是他取得的成功是巨大的。1925 年 12 月，哥达德成功发射了自己研制的 5.5 千克的小火箭。1926 年 3 月 16 日的试验同样取得了成功，3 米多长的火箭没遮盖也没有罩子，点火后，燃料燃烧喷出了火焰气，火箭上升 212.5 米后，向左拐，向前又飞了 56 米，时间仅用了 2.5 秒。这是世界上第一枚液体燃料的火箭，它的成功试飞标志着人类在向太空探索的道路上迈出了决定性的第一步。哥达德也兴奋地说："这下，我可创造了历史。"

此后，哥达德继续努力。1935 年研制成功超音速火箭，最大行程是 20 千米。可惜，他的研究成果没有能产生广泛的影响。

德国的奥伯特和布劳恩做着同样的开创性工作。奥伯特在 1931 年，把火箭升天的高度改写为 91 米。而布劳恩则在 1936 年研制的"A—3"型火箭推力已达 1.36 吨，飞行距离也达到了

从梦想到现实

17.6 千米。1940 年后的两年时间内，布劳恩又研制出了 "V—2" 军用火箭，打破了以往火箭在载重、速度、高度、飞行距离等方面的纪录，高度达 86 千米，飞行速度为 1600 米/秒。

中国自行研制的长征1号火箭

第二次世界大战后，德国战败，火箭专家和火箭基地被美国和苏联平分。随后通过通过仿制和改进，世界各国研制出了几十种运载火箭，把各种身负重任的航天器送到了太空中。它们当中的巨型运载火箭自身重量便有两三千吨，能把上百吨的航天器送出大气层。中国自行研制的第一枚液体火箭在 1964 年 6 月 29 日发射成功。此后的 "长征" 系列运载火箭，已可以承揽国内外卫星的发射业务，还有发射其他类型航天器的能力。

这些运载火箭也大多用三级火箭，结构主要由箭体、推进系统、制导系统三大部分组成。推进系统为火箭飞行提供动力，由发动机和燃料系统构成。推进系统中燃料燃烧产生巨大的喷气，形成强大的推力，使火箭达到预定的速度，从而把运载物送入太空。而制导系统是控制火箭飞行的，使火箭按预定的路线飞行，

使运载的航天器能精确地进入轨道。火箭的研制和迅速发展，为人类进入太空打开了大门。

3. 人造卫星装饰夜空

第二次世界大战后，苏联利用从德国获取的大量火箭技术资料，发展自己的运载火箭和航天器，并很快取得了巨大进展。1957 年 8 月 26 日，苏联的两级液体洲际弹道导弹 SS－6 发射获得成功。同年 10 月 4 日，又发射了第一颗人造地球卫星——"斯普特尼克 1 号"，开创了航天事业的新纪元。

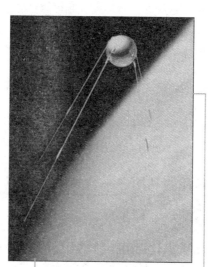

第一颗人造地球卫星"斯普特尼克1号"

苏联的成功震惊了美国朝野。美国虽在 1946 年就提出了建造人造卫星的可行性报告，但直到 1955 年 7 月才得到总统批准。1957 年 12 月 6 日，美国第一颗人造地球卫星"先锋号"的发射，以失败告终。在苏联第二次把人造卫星送上太空后，迫于竞争的压力，美国加紧了火箭的改造。1958 年 2 月 5 日，美国人造卫星"探险者 1 号"，终于成了美国第一颗升入太空的卫星。

随后，法国、日本分别在 1965 年 11 月 26 日、1970 年 2 月 11 日将各自第一颗人造卫星送入太空。1970 年 4 月 24 日，中国第一颗人造地球卫星"东方红 1 号"在"长征 1 号"火箭的运载下，胜利进入太空。中国就成了世界上第五个能独立发射卫星的国家。

据统计，到 1994 年 7 月，全世界共发射了 4511 颗人造卫星。苏联和美国这两个航天大国分别拥有 2908 颗、1246 颗，中国也有 38 颗。总之，如今的夜空中，点点繁星已不全是宇宙的创造，四千多颗明星的闪烁是人类创造的奇迹。

这些闪烁的明星，因为受到火箭运载的限制，又考虑到对太阳能的利用、飞行姿态控制以及回收工作，所以形状各种各样：有球形、球形多面形、圆锥形、圆柱形、多面柱形等；有的张着几块太阳能电池板，有的伸出几根长长的细杆。这些人造卫星千姿万态，使得无限的太空群星灿烂。

4. 宇宙飞船，载人上天

宇宙飞船，是一种运送航天员、货物到达太空并安全返回的一次性使用的航天器。它能基本保证航天员在太空短期生活并进行一定的工作。它的运行时间一般是几天到半个月，一般乘 2 ~ 3 名航天员。

1961 年 4 月 12 日，苏联拜克努尔发射场上的火箭把世界上第一艘载人飞船"东方 1 号"和空军少校加加林一起送上太空。"东方 1 号"

前苏联的航天发射场

宇宙飞船总质量约为 4700 千克，由两个舱组成。上面的是密封载人舱，又称航天员座舱。这是一个直径为 2.3 米的球体。舱内设有能保障航天员生活的供水、供气的生命保障系统，以及控制飞船姿态的姿态控制系统、测量飞船飞行轨道的信标系统、着陆用的降落伞回收系统和应急救生用的弹射座椅系统。另一个舱是设备舱，它长 3.1 米，直径为 2.58 米。设备舱内有使载人舱脱离飞行轨道而返回地面的制动火箭系统，供应电能的电池、储气

美国"水星6号"宇宙飞船

的气瓶、喷嘴等系统。飞船在空间运行了 108 分钟后返回地球，加加林安好归来。这一天，这一幕被载入了史册。

1962 年 2 月 20 日，美国海军陆战队中校格林乘

坐"水星6号"宇宙飞船成功进入太空。飞船在轨道上运行3天后返回地面。格林成为第一位进入太空的美国人。与"东方1号"不同的是，"水星6号"只有一个呈锥体的密封载人舱。而保证它变轨返回的制动机吊装在密封舱的底部，工作完成后就自动抛掉。

2003年10月16日，"神舟5号"飞船成功返回，杨利伟自主出舱

1966年3月17日，双子星座8号进行了首次太空对接。宇航员尼尔·阿姆斯特朗和戴维·斯考特在计划为期3天的飞行使命中的第5圈飞行时，操纵其双子星座封舱与阿根纳号宇宙飞船对接成功。半小时后，双子星号密封舱开始旋转并失去控制。接着，宇宙飞船上12只小型助推火箭中的一只原因不明地起火。宇航员随即将其飞行器与阿根纳号分离，在太平洋上成功迫降。

2003年10月15日，中国首个载人飞船"神舟5号"带着航天员杨利伟飞入太空。此前，中国曾发射了四艘无人飞船进行测试。

其实，由于载人航天工程的复杂性，决定这必然是一项充满着风险与挑战的事业。而早期的载人航天则更加危险，安全指数只有50%。在苏联首次载人太空之旅成功的前一年里，载人飞船

的 6 次试发有 3 次以悲剧告终：一次因为定位系统出故障未能返回地球，一次是发射时发生爆炸，另一次则是完成飞行任务返回时与大气层发生剧烈摩擦，导致飞船失火。就连苏联最初所选定的首航太空的宇航员邦达连科，也在 1961 年 3 月 23 日的训练中，被舱内大火严重烧伤而死亡，成为航天史上第一个遇难的宇航员。所以，在载人飞船起飞之前，美国和苏联分别用猴子和狗作为试验品，把它们送上太空，收集了很多数据，以测试载人航天的安全性。

5. 加加林：第一个飞上太空的人

即使是这样，也无法完全排除载人飞天的危险性。从邦达连科算起，至少已经有 22 名航天员献出了宝贵的生命。然而，人类在探索太空的征程中绝不会停下前进的脚步，迎接探索者的必将是光辉的未来。

1961 年 4 月，首次载人航天发射即将开始。当时，谁也没有把握这次能成功。苏联曾有人建

第一个飞上太空的人加加林

从梦想到现实

议让尚未生儿育女的宇航员戈尔德·季托夫来执行这次任务。当时负责载人航天研究工作的苏联宇航专家谢尔盖·科罗列夫却坚持选用经验更为老道的尤里·加加林，尽管他已是两个孩子的父亲了。临飞前，科罗列夫安慰加加林说："尤拉（尤里的昵称），你不要紧张。不论你着陆到哪个角落，我们都能找到你。"

这话丝毫没能减少加加林 108 分钟太空之旅的险情：飞船气密传感器发生故障，发射前数分钟内不得不重新拧紧舱盖上的 32 个螺栓；通信线路一度中断，跳出一个表示飞船失事的数字"3"；第三级火箭脱离后飞船急剧旋转；返回时，飞船胡乱翻滚……然而，加加林绝处逢生，奇迹般地完成人类首次太空之旅。

毕竟，尤里·加加林是通过数轮选拔、严格训练，才成为世界上第一个航天员的。据说他从小就是一个向往天空的孩子，曾缠着妈妈说："瞧，多好的星星，妈妈，它们为什么那么美？"父母认为孩子迷恋星星很好，意味着他的心灵纯洁。后来，加加林上了一所中等工业技校，但上天仍是他的理想。他以优异的成绩毕业于萨拉托夫航空俱乐部，并前往澳伦堡空军学校。在空军学校，加加林就开始思索还没有人去过的神秘的宇宙了。1961 年"东方 1 号"飞船成功飞天，加加林成了第一个飞上太空的人。而他在环绕地球飞行时，从轨道上发回的第一个信息也是："那么美啊！"

加加林的每一分钟都凝结着几个世纪人类的幻想，凝结着几个世纪来千百万优秀知识分子的辛勤工作。108 分钟后，加加林

的飞船出现在伏尔加河萨拉托上空。在火烫的飞船落在耕地上时，在地面上撞出一个凹坑。集体农庄的机械师高兴地和加加林会见之后，跑去急忙在凹坑内插上一块牌子："别动！1961 年 4 月 12 日——莫斯科时间 10 点 55 分。"

加加林说："我受命进行历史性的第一次宇宙空间飞行，可以作出人类宇宙飞行成为现实可能的结论。"

6. 太空行走：奇妙的感觉

太空行走的感觉是十分奇特的，首先感到的就是寒冷。虽然有宇航服的保护，可是外面毕竟是 −200℃ 以下的太空。其次，航天员会感到太空中的幽黑，这幽黑可怕得就像在黑暗中被吊在树上一样，看不见任何东西，会碰到什么东西，可又什么也碰不上，这是一种难言的孤独感和寂寞感。

不过，在太空中行走是很自由的。他们只须按动操纵杆就可以随心所欲地前进、倒退、停止、转向，甚至左右旋转、前后打滚。有点"超人"的感觉，不需要自身的运动，没有任何阻

人类第一次太空行走示意图

从梦想到现实

力，完全可说是一种天马行空式运动。

　　只是行走的速度很慢，每秒钟只能移动 0.5 米。在太空行走，航天员是无法感受到距离的远近，也无法分辨左右、上下，甚至不知自己是正立的，还是倒悬在太空中，感觉不到自己。这是一种很奇妙的感觉。第一个感受到这种奇妙感觉的人是苏联宇航员阿列克谢·列昂诺夫。

前苏联宇航员阿列克谢·列昂诺夫

　　1965 年 3 月 18 日，苏联宇航员阿列克谢·列昂诺夫与另一名宇航员帕维尔·别利亚耶夫，同乘"东方 2 号"宇宙飞船抵达太空。随后，阿列克谢·列昂诺夫踏出舱门，进入了辽阔的太空，实现了人类在太空中行走的梦想。这是继苏联宇航员尤里·加加林首次乘宇宙飞船绕地球飞行之后的又一伟大创举。

　　当时，列昂诺夫在舱外行走了 12 分钟。为了安全起见，他身上拴有一根 5 米长的绳子与飞船相连。邓他返回到飞船舱口时，却发现非常可怕的一幕：由于宇宙中的压力过小，太空服变得异常庞大，已经无法穿越相对狭窄的舱门，就是说，他无法回到飞船中了。列昂诺夫感到了事情的严重性，只觉得浑身发冷，

头昏眼花，脉搏跳动达到了每分钟 145 下，呼吸的频率增多了一倍，体温也上升到了 38℃！他对着话筒向留在飞船里的同伴帕维尔·别利亚耶夫失声喊道："我回不去了！"接下来，一次次徒劳无益的尝试使列昂诺夫几乎完全丧失了信心。

但就在这时，宇航员平时艰苦的训练对他起了作用。他回忆说，往日的失重训练突然历历在目，教练员的提醒也回响在他的耳旁：太空服的腰部设有四个按钮，每一个按钮都可释放四分之一的空气，当太空服压力过大时，这是唯一的减压办法了。列昂诺夫迅速减去了太空服中的气压，然后将头部对准舱口，顺利进入了飞船。列昂诺夫的机智最终战胜了恐惧，使他有机会在日后实现再次太空行走的梦想。

1965 年 6 月 3 日，埃迪·怀特成为美国历史上第一个实现太空行走的人，返回飞船时，遭遇舱门锁失灵的麻烦，经过紧张的修理，他回到舱内时也已经精疲力竭。

1984 年 2 月，美国"挑战者号"航天飞机飞行时，航天员 B·麦坎得利斯和 L·斯图尔特背着喷气背包，进行第一次不系安全带的太空行走。他们在离地面 265 千米高的太空中，与航天飞机一起以 28000 千米/小时（5000 米/秒）的速度绕地球运行，当他们开动喷气背包时，又以 0.30～0.60 米/秒的速度相对航天飞机移动。

在失重环境中行走，似乎应该是很轻松的，但实际上非常累人。1988 年 12 月，法国航天员让·克雷蒂安与苏联航天员亚·

沃尔科夫走出"和平号"航天站密封座舱,在太空行走6小时,进舱时克雷蒂安连腿都挪不动了,在沃尔科夫帮助下才返回航天站。

翟志刚舱外行走的电视画面

2007年11月3日,美国航天员帕拉金斯基完成历时7个多小时的太空行走,成功修补了一块太阳能电池板。英国《泰晤士报》曾评论说这次任务是美国航天史上最危险的太空行走。

2008年9月27日16时43分,中国航天员翟志在两名同伴的帮助下,步出"神舟7号"飞船,成功完成了中国历史上的首次太空行走。

7. 登陆月球:人类的一次飞跃

苏联人捷足先登进入太空的胜利,轰动世界同时也使美国人震惊。他们不甘落后。美国总统肯尼迪在加加林从太空归来不久的1961年5月25日,批准了美国宇航局的"阿波罗"登月计划,要求10年内先于苏联人将人送上月球,要"把苏联人摔倒

在月球上。"

1969 年 7 月 16 日，"阿波罗 11 号"宇宙飞船经过 100 小时的飞行，首次在月球静海着陆。格林尼治时间 7 月 21 日 3 时 51 分，"阿波罗 11 号"指令长阿姆斯特朗首先走出舱门，站在小平台上，面对这个陌生而又满目荒凉的新世界凝视了好几分种，然后伸出左脚走下扶梯。扶梯 5 米高，阿姆斯特朗竟花了 3 分钟！

4 时 7 分，他的脚小心翼翼地触及月面，而右脚仍留在扶梯上，当他感到左脚陷入月面很浅时，才鼓起勇气将右脚踏上月面。这时，他说出了等待已久的第一句话："对一个人来说，这是一小步，但对人类来说，这是一次飞跃。"地球上几

阿姆斯特朗踏上月球地面

亿人在电视屏幕上看到了他创造历史的壮举。尼克松总统用无线电话祝贺登月成功："由于你们的成就，天空已成为人类世界的一部分……大家为你们的成就而感到自豪。"

18 分钟后，奥尔德林也踏上了月面。他们身穿宇宙服，像幽灵一样在月面上行走并不费力，只是每走一步所花的时间要比地球上长。他们在月面上的"行走"，实际上是像袋鼠那样的跳跃。

阿姆斯特朗和奥尔德林在登月舱附近插上了一面用尼龙丝织成的星条旗。通过一根弹簧状金属丝的作用，即使在无风的月面

从梦想到现实

上，星条旗看起来也好像在迎风招展。他们在月面上留下了一块金属匾，上面写着："1969 年 7 月，地球人在此首次踏上月球，我们为全人类的和平而来。"然后，他们又在月面上安装了自动月震仪，激光反射器，太阳风探测仪，采集了 20 多千克的月球岩石和土壤。

阿姆斯特朗和奥尔德林在月面上共停留了 21 小时 36 分，其中舱外月面活动只有 2 小时 24 分。月面活动结束后，他们回到登月舱休息和睡觉。醒来后，他们开始准备飞离月球，把价值 60万美元的宇宙服、价值 7 万美元的 3 架摄影机等不需要的东西留在月面上，也表明地球人"到此一游"。

当地面发出"离开月球"的命令时，登月舱上升段与下降段之间的爆炸螺栓炸开，上升段的发动机启动，脱离下降段而上升进入月球轨道，并与指挥舱对接。他们回到指挥舱后，将登月舱分离。登月舱撞击月面，导致了一次人工月震。

随后，3 位宇航员乘着指挥舱返回地球。就像法国作家儒勒·凡尔纳在 100 年前在小说中所描述的"哥伦比亚号"一样，"阿波罗 11 号"降落到太平洋上。

实际上，为了这次登月，美国几乎动用了它的所有资源。超过 2 万家来自美国与其他 80 个国家的公司、200 多所大学参与了"阿波罗计划"。有人估计，将近 1000 万人直接或间接参与了登月计划。"阿波罗"登月计划无疑是人类有史以来最伟大的壮举。人类探索太空的旅程，由此翻开了新的一页。

8. 能多次使用的航天飞机

在航天科技发展过程中，用运载火箭发射人造卫星、宇宙飞船都是一次性使用，耗费巨大。空间科学家便设想将航空与航天结合起来，到 20 世纪 70 年代末，航天飞机研制成功。航天飞机是一种先进的、能多次使用的航天运载工具，它和空间站代表当今航天技术的最高水平。

美国的"哥伦比亚号"航天飞机

1981 年 4 月 12 日，美国的"哥伦比亚号"航天飞机发射成功，成为世界上第一架航天飞机，它在近地轨道上运行了 54 个小时后，安全返回地面。

航天飞机的外形酷似飞机，这样有利于飞行的平衡。全长 37 米，高度 17 米。它的前段是乘员座舱，下部装有起落架，座舱又可分为三层：上层是驾驶舱，中层是卧室，下层是机房。飞机的中段由机翼和货舱组成，货舱的容量较大。飞行器的后段则是由发动机和控制飞行姿态系统组成。航天飞机开始是火箭助推上

从梦想到现实

升，到预定高度，燃料耗完后，助推器脱开，靠其本身的机载发动机推进预定的轨道执行任务。它的返回则像普通喷气客机，在大气阻力下速度减小，滑翔飞行。

航天飞机的用途很广泛，能把各种卫星在起飞前装进货舱内，飞上地球轨道后，利用机械装置将卫星送入太空。这种方式简化了以往的卫星发射程序，降低了发射成本，而且卫星若出故障，可将卫星"抓"入航天飞机中修理，再送入太空。

航天飞机上装有各种科学仪器和设备，从而成为一个太空实验室。科学家可以在此进行各种科学研究，他们可以充分利用太空的特殊环境，完成一系列地面上难以完成的科学实验。而且，航天飞机还可以进行军事侦察，执行各种任务。

因此，航天飞机发展迅速。美国航天飞机群拥有"哥伦比亚号"、"发现号"、"亚特兰蒂斯号"、"奋进者号"4架航天飞机，已飞行60余次，累计将400人次送入太空。直到1988年11月15日，苏联的"暴风雪号"航天飞机无人驾驶绕地球飞行了两周后成功返回，才打破了美国人对航天飞机技术的垄断。到目前为止，世界上也只有美、俄两国拥有航天飞机。

美、俄式航天飞机的设计各有特点，在性能上基本旗鼓相当。美机一次最多载7人，俄机可载10人。二者均可载30吨货物上天并从太空带回2吨货物。

9. 处于设计阶段的空天飞机

人们总是不满足已有的成就，在航天飞机之后，科学家又设想一种更为理想的航天工具——空天飞机，特别是在过去的 20 多年中，进行了大量关于空天飞机设计的前期工作。

设想中的空天飞机

空天飞机是航空航天飞机的简称，顾名思义，它既可以在大气层内飞行，也能在太空中飞行。与航天飞机相比，空天飞机多了一个大气层中航空的功能，而且它起飞也不使用火箭助推器。

空天飞机的奥妙之处在于它的动力装置。它的动力装置不同于飞机发动机，也不同于火箭发动机，而是由空气喷气发动机和火箭喷气发动机两大部分组成。空气喷气发动机在前，用于大气层中的航空，后面的火箭喷气发动机用于航天。两者串联成一体，为空天飞机提供动力。

空天飞机可以在一般大型飞机场上起落。起飞时空气喷气发动机工作可以充分利用大气中的氧。到了高空后，飞机就开始燃烧自身携带的燃烧剂和氧化剂；降落时，两个发动机的顺序则同起飞时相反。

空天飞机飞行速度很快，故可用它来实现全球范围快速客运。从任何一个城市到另一个城市，最多只要两个小时。而且它可以完成航天飞机能完成的所有的任务，它可以把又大又重的卫星送入地球轨道，而且一次可以投入几颗卫星；能对运行在地球轨道上的卫星进行维修及回收；能向空间站运送各种物资包括接送航天员；甚至可以为军事服务，作为一种武器去破坏敌方的卫星，执行拦截、侦察、轰炸等军事任务。

空天飞机的发射费用低，这主要是因为它不需要专门的发射场，而且可以重复使用。预计第一代空天飞机可以重复使用200~500次。目前，一次性的运载火箭其火箭发射费用高达1亿美元左右，而空天飞机完成同样的任务只用1千万美元就可以了。如果第二代空天飞机重复使用的次数增加，那么发射费用就会更加低。

空天飞机由计算机控制，无人驾驶，可以大大减小地面控制中心的规模和复杂性。其发射和返回的程序简单，对它可像对普通飞机一样加燃料，进行检修。此外，空天飞机也不会造成污染。

目前设想的空天飞机有单级型和两级型这两类。单级型空天飞机以英国的"霍托尔"为代表，机长162米，水平起落，发射费用仅为航天飞机的五分之一。德国提出研制的"桑格尔"两级空天飞机，由驮运飞机和轨道器组成，发射时，驮运飞机到了30

千米高空，轨道器上的火箭点火，速度加到更大。"桑格尔"空天飞机可乘 2 名航天员，携带 4 吨重的货物，发射费用是航天飞机的一半。

10. 从"礼炮 1 号"到国际空间站

宇宙飞船容纳不了很多航天员，寿命也不长，没有条件让航天员在太空中呆上较长的时间。可是，太空中有许多的资源等待着人们去开发，许多科学研究需要人们去进行，所以人们希望有一种能让航天员长时间地工作与生活的大型航天器。于是，苏联和美国这两个航天大国在 20 世纪 70 年代开始研制发射大型的航天器，并命名其为"空间站"。它是最大的航天器，通常由对接舱、气闸舱、轨道工作舱、生活舱、服务舱、专用设备舱、太阳能电池翼等几个部分组成。

空间站上的对接口，可供航天飞机、宇宙飞船这些天地间的往返运输系统在上面停靠、对接，从而组成一个更庞大的航天器。空间站体积庞大，可以装载更多的大型科学仪器设备和生活用品，可以容纳较多的航天员，可以让航天员较长时间地在空间站从事多种工作。人们可以在空间站开设工厂，从事科学研究，进行军事活动，用由航天飞机、宇宙飞船运送来的材料组装大型的空间构件，对其他在轨航天器进行修理，发射人造卫星等。此外，空间站也可成为飞往月球和其他行星的基地。

世界上第一个空间站是苏联发射的"礼炮1号"。它于1971年4月19日升空。4天之后，载有3名航天员的"联盟10号"宇宙飞船成功与之对接。3名航天员没有进入空间站，试验结束便返回地面。后来由于失事，苏联忙于改进"联盟号"宇宙飞船，"礼炮1号"空间站因失去补给而终止了生命。随后六年中，苏联又发射了4个"礼炮号"空间站，但寿命都不长。

美国的"天空实验室"

1972年5月14日，美国的空间站"天空实验室"发射升空。它长35米，直径7米，质量约80吨，在太空中运行了2249天，先后有3批共9名航天员进入其中，分别在上面生活了28天、59天、84天，进行了天文、医学、海洋、气象等方面的科学研究，还冶炼成了合金。在太空中运行6年多的"天空实验室"空间站，完成使命后，按计划进入大气层烧毁，溅落在印度洋上。后来，美国倾其财力发展航天飞机，再也没有发射空间站。

无论是苏联的"礼炮1号"到5号空间站，还是美国的"天空实验室"，都只有一个对接口，寿命不长，只能接纳少量物资。

它们是第一代带有试验性质的空间站。

1977 年到 1982 年，苏联发射了"礼炮 6 号"和"礼炮 7 号"空间站。这两个空间站可看作是第二代空间站，它们使用多对接口，可以同时对接两艘宇宙飞船。苏联的空间科学家还改进了在太空轮换航天员和补给物资的方式，他们把天地往返运输器分为两种，一种是运送航天员的载人飞船，另一种是专门运送物资的运货飞船，这样可以提高安全性，增加货运量，降低成本。这样空间站接纳航天员的时间较长，曾创造了航天员连续在轨道上工作生活 237 天的纪录。

1980 年 2 月，苏联发射了"和平号"空间站核心舱。接着，以这个核心舱为基础，逐步对接上了 5 个舱，组成了 6 个大舱构成的"和平号"空间站，是迄今为止世界上唯一的、

"和平号"国际空间站示意图

长期性、可变更功能的第三代空间站，也是世界上唯一正在进行工作的空间站。

美国在空间站发展水平上大大落后于苏联。1984 年美国总统里根正式批准建造永久性空间站的计划，由于各方面的原因，并未有任何重大进展。1993 年 9 月，美、俄签约，与加拿大、欧洲空间局、日本联合建造新的空间站，于 21 世纪初投入使用。

美国原计划建造的"自由号"空间站，与"和平号"空间站同属于第三代空间站。其特点是由核心舱、空间平台、轨道间飞行器等组成一个航天器群，这大大提高太空开发的效率和空间站的应用范围。而随着航天技术的不断更新发展，空间站将会越来越适应太空工作的需要，为人类的太空事业提供最大的便利。

11. 以火星为镜，观照地球

火星表面

火星是在八颗大行星中离地球较近的邻居。科学家们称火星为"袖珍地球"。其体积和质量比地球小一些，自转一周也是 24 小时左右。外面有一层很稀薄的大气、有云、雾、霜、大风，有四季交替，两极最低气温为 -120℃，夏季赤道最高气温 20℃。比起地球的另一近邻金星，火星的环境好得多，更合适于人类生存。而且地球人乘飞船到火星往返一次只需花 1 年时间，比起到其他行星要快得多。而如果能在探索火星的过程中找到有关生命的证据，将有利于人类揭开生命起源的奥秘。

人类探索火星还因为可以使地球人类以火星为镜子，了解地球今后的命运。人类在火星上看到了许多类似干枯了的河床的地方，可以推测火星上也有过河流、水资源。火星也可能曾经同地球一样温暖湿润，是个有生命存在的星球。而现在人类在火星上见到的，除了南北极的"水冰"外，大部分地区都是极干燥的"戈壁"。没有适宜的大气层来阻挡太阳光中许多有伤生命的光线，生物就难以生存。通过对火星的研究，人类可以了解到星球的历史变迁，从而更清醒地认识我们的地球。从火星这个失败的"地球"身上吸取教训，更好地保护我们的地球环境、地球资源。

当然，人类探索火星，也是想最终征服火星。许多科学家设想，到火星上去建立一个适合人类生存的"生态环境圈"，或是改造火星，让它成为第二个地球，成为地球人类未来的避难所。

所以在进入太空后不久，人类的目光便锁定了火星。1962 年，苏联"火星 1 号"探测器飞越火星的尝试失败。1965 年，美国"水手 4 号"行星际探测器飞越火星，拍摄了 21

美国火星车"勇气号"和"机遇号"

张照片。1971 年，苏联"火星 3 号"探测器在火星着陆并发回照片。1976 美国"海盗 1 号"和"海盗 2 号"探测器在火星着陆，发回了 5 万多张照片和大量的数据。2003 年，欧洲宇航局耗

从梦想到现实

资 3 亿欧元研制的"火星快车"探测器上天，开始对火星进行全方位探测。同年 6 月，美国发射先后发射"探路者－A"和"探路者－B"火星车，并于半年后在火星平原成功着陆。这两辆火星车还各有一个更响亮的名字——"勇气号"和"机遇号"，其创意来自美国亚利桑那州的 9 岁女孩索菲·科利斯，当时她正上小学三年级。

截至 2008 年，美国、俄罗斯（及苏联）、欧洲宇航局已先后向火星发射过数十艘探测飞船，并多次在火星上着陆。其中，不少探测活动至今尚未解密。但可以肯定地说，火星探索活动无疑会是人类探索宇宙生命的一个重要的里程碑。

12. 飞出太阳系的地球之声

影视剧中的飞碟

在人类如火如荼的飞行实践和星际探索活动中，一种神秘的现象始终如影随形，那便是 UFO。UFO 全称 Unidentified Flying Object，中文意思是不明飞行物，俗称飞碟，在中国古代又叫作星槎。20 世纪以前较完整的 UFO 目击报告有 350 件以

上。到 20 世纪 80 年代，全世界目击报告约达 10 万件。据目击者报告，不明飞行物外形多呈圆盘状（碟状）、球状和雪茄状。不明飞行物目击事件急剧增多，引起了科学界的争论。持否定态度的科学家认为很多目击报告不可信，不明飞行物并不存在，只不过是人们的幻觉或是目击者对自然现象的一种曲解。肯定者认为不明飞行物是一种真实现象，正在被越来越多的事实所证实。而一般的印象中，人们更多地把 UFO 和外星人联系到一起。

人类一直都在寻找着外星生命，并且用许多方式向宇宙发出信息，希望可以让可能存在的外星人收到。1972 年，美国派出了"先锋 10 号"星际宇宙飞船；1973 年，美国又派出了"先锋 11 号"星际宇宙飞

1972年2月28日,美国发射宇宙飞船"先锋10号"

船。它们分别飞过木星、土星，未发现什么蛛丝马迹，便离开太阳系，进入银河之中。

"先锋 10 号"和 11 号星际宇宙飞船肩负着重大的使命。它们带有人类给宇宙人的"慰问信"——宽 15 厘米，长 23 厘米

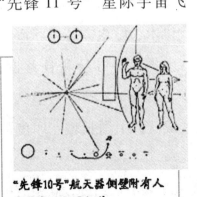

"先锋10号"航天器侧壁附有人类信息的金属标牌

从梦想到现实

的金属标记牌。上面刻着一对男女，标志着地球人，男人举右手表示向宇宙人致意。他们背后有飞船的外形图，下面是 10 个圆圈，表示太阳系。牌上有许多标志，地球人类希望能让可能存在的外星人得到一点启发，能找到我们地球人类。

1971 年，美国派出了"旅行者 1 号"和 2 号宇宙飞船，飞向离太阳系更遥远的宇宙深处。它们载有一台特别的电唱机和一张名为"地球之音"的镀金唱片。这张唱片一次可播放 2 个小时。唱片记录的是地球上各种具有典型意义的信息，包括 116 张图片、60 种语言的问候词、35 种地球自然声响、一段联合国秘书长的口述录音以及美国总统吉米·卡特签署的一份电报。

人类送给外星人的礼物，"地球之音"的镀金唱片

116 幅图介绍了太阳在银河系中的位置；地球及大气层的结构成分；人体图解；海洋、河流、沙漠、高山、大陆、花草、树木、昆虫、鸟兽、海洋生物；下雪景和日落图；各国风土人情、科学文明成就；中国长城、印度的泰姬陵等许多地球上的信息。

60 种语言的问候词包括了世界上几乎所有的语种，其中有中国的标准普通话、广东话、厦门话和客家话。还有一种鲸的热情

叫声，代表其他生物的"问候"。

唱片录下的 35 种地球自然声响中，开始是令人耳晕的回旋声，象征着太阳在运转。接着是暴雨声，火山爆发的巨响，海浪声，各种鸟鸣、狗叫、兽吼，人的笑声、婴儿的哭声，甚至人的呼吸声、脉搏声以及宇宙噪声。唱片中录下地球上不同地区、民族的音乐，有贝多芬、莫扎特名曲，有西方的爵士乐、摇摆舞曲，还有中国的京剧和用古筝演奏的中国古典乐曲《高山流水》。

吉米·卡特总统电报文字如下："这是一个来自遥远的小小星球的礼物。它是我们的声音、科学、形象、音乐、思想和感情的缩影。我们正在努力使我们的时代幸存下来，使你们能了解我们生活的情况。我们期望有朝一日解决我们面临的问题，以便加入到银河系的文明大家庭。这个地球之音是为了在这个辽阔而令人敬畏的宇宙中寄予我们的希望、我们的决心和我们对遥远世界的良好祝愿。——美国总统吉米·卡特"

而联合国秘书长瓦尔德海姆口述的录音是："作为联合国的秘书长，一个包括地球上几乎全部人类的 147 个国家组织的代表，我代表我们星球的

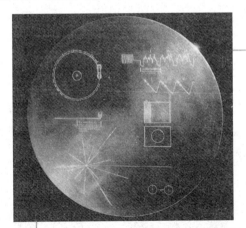

《地球之音》唱片的B面刻有几何图案

从梦想到现实

人民向你们表示敬意。我们走出我们的太阳系进入宇宙，只为了寻求和平和友谊。我们知道，我们的星球和它的全体居民，只不过是浩翰宇宙中的一小部分。正是带着这种善良愿望，我们采取了这一步骤。"

"旅行者"宇宙飞船肩负人类的期望，正在茫茫宇宙中寻找宇宙人。但是，至少要等几十万年才可能遇上宇宙人；一旦遇上，把消息传回给地球，又要过几十万年。所以，只有我们的后代才有可能看到结果。

只要人类一代接一代不断地探索，只要有外星人的存在，总有一天，人类会找到他们。而这也是我们飞向太空的目的之一。